你不必活成别人喜欢的模样

独慕溪
——著——

台海出版社

这世界总是匆匆忙忙，
你可还记得自己内心的模样？

前言

那时，她26岁

每年年初的时候，她都会规划好一整年的愿望清单。这一年她给自己规划了八件要去完成的事情，8月份的时候她便完成了清单的前七项，需要完成的第八件事情——找男朋友，却始终无处下手，眼看着这一年也快过去了……

每次有关此类型的话题总能弄得她和王女士“不欢而散”，她总会颇有微词地和母亲辩驳：“你让我找男朋友的真正目的应该是希望你的闺女过得幸福，而不是为了找男朋友而找男朋友。”

而母亲则会叹着气岔开话题，或者干脆挂断电话，结果弄得两人都不开心。

她始终解不开这其中的道理，明明是说服母亲的借口，为什么自己说起来却倍感无力？一向励志的她也开始恶补心灵鸡汤了。

今天，她破天荒地吃了晚饭，吃饱了量的体重，用了大概一个月吧，终于瘦了五斤，这大抵和她的心态有关。之前也在努力地减肥瘦身，但当时的借口是：“我连男朋友都没有，怎么可以胖？”

这一次不是，她只是单纯地想要健康美丽一点，为了自己。

每年生日她都会许一个有关幸福的愿望：“希望自己找一个相爱的人，然后幸福地生活……”

然而告别25岁的这一天，她有了新的愿望：希望26岁的小溪能以幸福为基点努力地生活，如果恰巧可以遇到他，更好。遇不到也没关系，那就一个人幸福下去。

是否要为了迎合别人而改变自己？这或许也将是26岁的她会迷茫的问题。

搭档临走前给了她一句忠告：“你有个毛病得改改，你太直白了……”

是的，前25年的小溪太直白了。直白到得罪了很多人，挨了很多批评，多走了很多弯路……

26岁的她提醒自己要做好心理准备，如果一直这样下去，怕是要走更多的弯路，挨更多的批评，得罪更多的人……

即使只是想想，她也觉得有些胆怯。

但是25岁的她没有。所以她希望26岁的自己也可以很勇敢，道路曲折点儿没什么，教训也是经验，不过是累了点，难了点，慢了点……

从2013年11月步入社会到现在，过去了几年的时间，她也收敛了很多锋芒，但涉及原则的问题她从未改变过强硬的态度，她努力坚持着自认为的正义，也因此吃了很多恶果，她也曾问自己：你后悔过吗？

她站在镜子前，骄傲地仰着头，目光无比坚定地看着眼前的自己，她说：“不，我并不后悔！”

这便是我，刚步入26岁的我。

一时忆不起过去，一眼也望不穿将来。但我告诉自己：请你始终记得此刻脚下的足迹，踏实地走好每一天、每一年。

愿用十年努力，换来一生随心所欲。26岁的小溪，我帮你许下了真正该许的那个愿望！

漠河情人树

十年相望，才换来一段动人的传说，换来一对泸沽湖畔的情人树。在与之相隔千里的漠河，我见到这样两棵树，它们让我想起那段等待了十年的爱情。世间荒凉我不在乎，只要身边有你的温度。

大理环海西路

说不出洱海到底美在哪里，但那情那景，就是美。眼前是一幅浑然天成的画卷，耳边飘浮着款款清风的低吟，心里只有一个想法：这就是我想要的生活！

扎龙风景区

世间之事皆非偶然，我无法告诉自己这幅“仙鹤起舞”不是为我的镜头而精心策划。它们就这样相称而起，舞了一场高贵动人的华尔兹，天地之间，只有它们，这一刹那，只为我。

成都文殊院的警示牌和乞讨者

乞讨者和警示牌的鲜明对比，似乎正是对这个社会的强烈讽刺。人们在佛祖面前“慷慨”地施舍着善意，也肆意浇灌着职业乞讨者的惰性和贪婪。

南京大学抓拍

一对青年恋人，一对老夫老妻。时光的脚步在这一刻似乎定格成了永恒。这世间最难得的，不是携手白头还能是什么？另一个时空中的他们，或许也正是这个时空的他们吧！

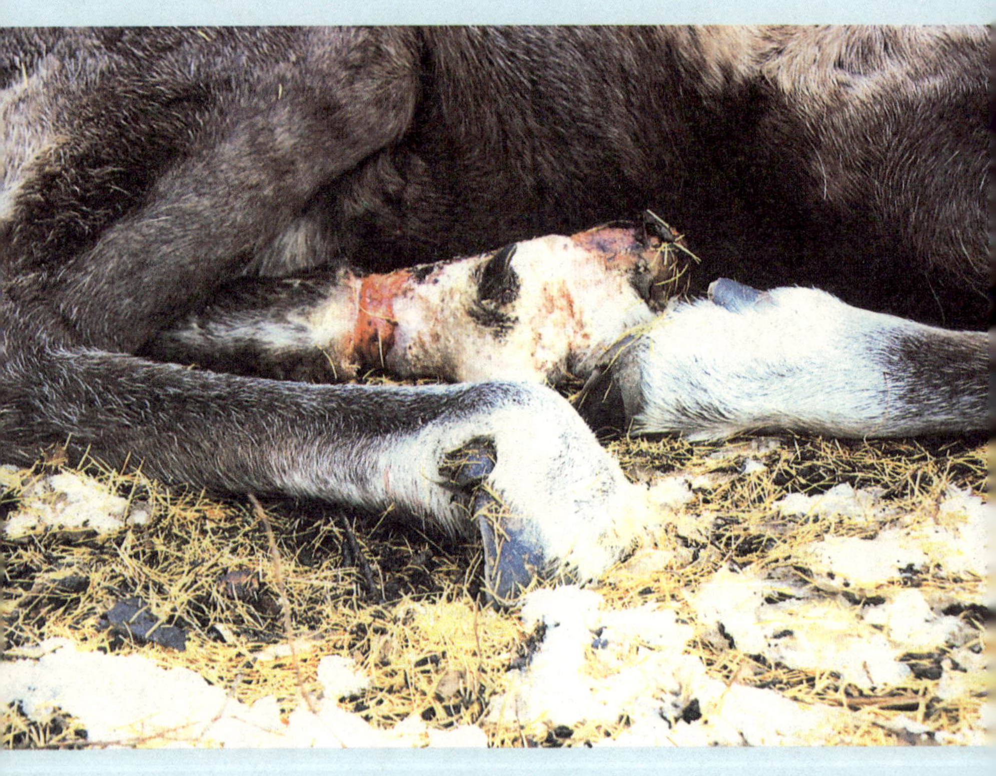

麋鹿受伤的腿

“物竞天择，适者生存”，或许达尔文是对的。可当我看到它鲜红刺目的伤口，还是无法抑制地难过。若它能听懂，我想在它耳边轻声叹一句，抱歉。

青年旅店的猫

孤独这种东西似乎只有真正触碰到了才知道是什么滋味。那时我还一个人浪在旅行的路上，这个小家伙的突然出现，为我的旅程增添了一抹别样的乐趣，也将我从孤独中带了出来。

燕窝岭的海

有一种颜色，叫“燕窝岭蓝”！我走遍千山万水，却发现最能打动内心的，还是家乡那一抹蓝。此刻，无须多言，一切温暖自在心间。

目录

第一章 我们总要和青春说再见

第二章 你总要学会自己长大

第三章

16，26，62，隔的岂止是时间

第四章

可以看透生活，但别丢了自己

第五章

你连世界都没有观过，哪来的世界观？

第六章

不是没他不行，只是有他更好

第七章
总有一个人，爱你如生命

第八章
一个人，也要努力生活

第一章

我们总要和青春说再见

不曾一个人生活，何以对孤独高谈阔论？

中元节，加班，归家时天已蒙蒙黑。

等过了三辆公交车，一辆也没挤上去，纠结良久，最后还是决定步行回家。没走几步胃痛得不行，在路边买了个烤冷面，边走边吃。

海大是我回家的必经之路。学生开学了，穿着军训服成群地从我身边穿过，看着他们稚嫩的脸庞，不由得伤感。我站到小路的一侧，让出足够的空间给他们，嘴角也许还残留着油渍。借着路灯微弱的光，我不知道他们会用何样的眼光打量我这个逆行者，或者压根没有注意到我的存在，唯一值得庆幸的是我有夜盲症，根本也看不清对方的表情。

脚步声渐远，说笑声也随之远去，心里难免酸酸的，但也只能拾起沉重的失落继续前行。

曾经，和他们一样的年纪，我的身旁也总有三五好友围绕，一起打闹玩笑，肆意张扬，毫不在乎旁人眼光。如今回想，那些往事就跟城里的星光一样，纵使知道它存在，也根本望不见。无言变成了陪伴，耳机才是最忠实的朋友，闯先生用他异常磁性的声音发问："你在哪座城市，留下过怎样的故事，又怎样轻轻说声再见……"冬去春来，夏走秋至，一年又一年！

一开始的时候，很不习惯一个人吃饭，一个人逛街，抑或是一个人看电影，怕被熟人看见，怕孤独感被人同情，被人放大。后来才发现，城市那么大，哪有那么多的缘分让你遇见。三年，换过三份工作，真正熟悉的不到50人，剩余认识的人只有在特定的环境下才可以称得上是认识，但大连市一共有700万人口，所有的熟悉感融入700万的洪流中都会变得陌生又渺小。

渐渐地，开始习惯一个人。习惯一个人吃饭，一个人逛街，一个人看电影……果真，从来没遇见过熟人。

这个城市或许有温情的一面，但它好像并不属于独自一人生活在这里的我，白天或许还可以轻易地瞎掰一句"一个人的生活也挺好"，但是夜晚却掩饰不了寂寞。一个人的生活真的很好吗？或许只有俯视寂寞灵魂的星星才知道。

天，愈加的冷了，日落的时间越来越早。下班的时候，街边只有霓虹闪耀。耳里依然塞着耳机，闯先生依然在发问，"你在哪座城市，留下过怎样的故事，又怎样轻轻地说声再见……"我很想告诉他："我还在这里，还在大连，没勇气说再见，却被动地目送了一场又一场的离别。"

我还记得上一次和大学同学的聚会，聊天的时候无意提到了最近结婚的某某同学，大家开始有意无意地对家庭产生了向往，对于我这种万年单身的人来说注定又沦为了被调侃的对象，只是为了反驳，我才会说出那句至今都在后悔的恶毒话："没关系啊，等恋爱的分手了、结婚的离婚了，我们不又都一样了。"

L当时就在现场，笑得前仰后合地回了我一句："你这可够恶毒的。"

同学会结束没多久，L便在群里公布了她分手的"爆炸性"消息，不过根本没人在意。大家或许和我想的一样，觉得就是玩笑话或者充其量也就是闹闹脾气，都快结婚的人，怎么可能分手？但事实就是分了。我叫她一起出来吃饭，她说不要同情她。席间我们天南海北地聊，却偏偏避开了她分手的话题，从此这个城市便又多了一个如我一样寂寞的灵魂。一语成谶，最后悔的莫过于我曾经说的那句恶毒的话。

新闻上说，中国目前有两亿人单身，这么多人中，为何偏偏遇不到对的那个人？

我想或许是因为胆怯。

在我20岁的时候，遇到过这样一个男孩儿。出于某种特殊的原因，我们只能信件往来，虽是电邮，但漂洋过海却也是成千上万公里，你以为它会是如同《查令十字街84号》一般浪漫的故事吗？错了，今年我26岁，20岁看到会心动的情话，如今看来一文不值，我们真正见面相处的机会少之又少，我们会合适吗？我想要的是见到他，然后再确定我的心意，但他想要的却是一个已经确定的心意，否则漂洋过海的见面不值得。最后的结果就是现在，相忘于江湖，删掉一切可以联系的方式，删掉那些往来的信件，茫茫人海中我们永远不会再相见，甚至某天我们都已忘记彼此的姓名，成为真正的陌生人。

这才是成人世界里的感情，没有那么多的年少轻狂，也没有那么多的不顾一切。最为卑微可笑的是，我竟然真的忘记了他所有的好，最后的印象永远留在他答应来见我的那一句。

最后，他食言了。

如今虽然期待爱情，但我想，或许再难轻易相信一个男人的诺言了吧！

常常被别人问起："为什么要一个人生活？何不找一个人一同分担寂寞？"我想或许是因为这个世界太浮躁了，两个人相处着实不容易，而分手却往往又说得太过轻易。

见识过爱情的人才敢再爱，而像我这种，或许注定要一个人走下去。

塞上耳机，一样的电台，不同的心情。又是在归家的路上，还是闯先生，还是一样的冬季，场景总是惊人的相似，不知不觉便又是一年。唯一不变的只有我还是我，没有那个能变成我们的你。

不冷，我看不到自己哈出的寒气；视弱，三米外的影子均已变得模糊。

这条路是我回出租屋的必经之路，我每天来回要走两次，快的时候35分钟，这是我双腿挪动速度的最大值，慢的时候只得忽略不计，堪比蜗牛。

我比别人早半个月人冬，实在怕冷，穿得圆滚滚的像个球一样。棉服的下摆很小，迈不开步子，只能小步地挪动；双臂厚重地张着，加上本身走路晃动，看着影子都觉得像极了一只笨拙的企鹅。

习惯性地沿着绿化带内侧的小路走，这个时间通常只有树叶斑驳的黑影。我有点被害妄想症，人烟稀少的地方习惯性地走三步回次头，有人走在我的后边，而且脚步很快。我有些害怕，便加快了脚步。上次去漠河的时候，防狼喷雾被火车站的工作人员强行扣留了，手里没了它，心里也跟着空落落的。远处路灯拉长的影子让我能够清晰地看到那人靠近的身影，我脚步又快了几分……

那人终究还是超过了我，经过我身边的时候，还特别回头瞥了我一眼，距离太近，以至于我看清了他的表情，嗤之以鼻外加一点鄙视，仿佛在看一个有病的怪女人。

这就是一个人的生活，即使对黑暗有着无限的恐惧，你也只能硬着头皮勇敢地往前走。

如今仔细回想，对于这个城市最直观的记忆大抵就是那几张租房合同了。月初刚刚签了新一年的租房合同，同时缴纳四个月的房租，交完房租后，室友兜里只剩五十块，距离发工资的20号还有20天。交房租前几天，她用最后的家当给妈妈买了两件衣服邮寄回家。阿姨收到衣服的那天晚上，她们在电话里吵了起来，原因大概是衣服不太合身，因为无法退还，所以阿姨有些上火。女儿一方面要劝母亲别上火，一方面又要压抑自己的委屈，挂断电话她便哭了。

合租两年，这样的事情大概是第一次。她在厨房里炒菜，依然掩饰不了抽泣的声音，彼时我正在屋子里给我的妈妈打电话。挂断电话，对面屋的房门已经紧闭。曾几何时，我也这样在紧闭的房间里偷偷哭泣，一个人在陌生的城市生活，总有许多委屈无法与人言说，这一刻是孤独的，但这一刻也许只有孤独地熬过才能再次开心起来。

我没有勇气敲动她的门，更没有勇气走过去给她安慰，甚至没有勇气在下一刻看到她时直视她的眼睛，因为不知如何安慰。从公司到出租屋，从一个格子间走回自己的小房间，这个城市相较于家乡而言最大的区别就在于设防感。格子间内，我们肆意孤独，走出去的我们却永远乐观开朗，明知彼此的假面，可没人愿意撕破这层伪装，所以才造就了城市的距离感。

关系再好的人之间，也有距离。

总有不好的时候，亲情既是救命良药，也是压迫设防的最后一根稻草，我只愿家人好，这样我才能心无旁骛地笑闹。孤独总可以熬过，至少我知道，遥远的城市一角，有着对我最赤诚的牵挂，我怎敢不好？

我是谁？我常常质问自己，常常又找不到正确的答案。

有一天，坐在我办公桌对面的姐姐突然问我："为什么你看起来总是这么开心？"我微微一愣，反问道："我要是不开心，难道会有人逗我开心？"

显然不会有。

毕业第四年，我一个人在大连生活。相比七年前，这个城市变了很多，足球没名了，啤酒节取消了，朋友也各奔东西了。多了东港，增设了地铁，还修建了跨海大桥。时光流转，七年转眼即逝，我也褪去了一身稚嫩，但依然想象不到未来的样子，想象不到是否会一辈子在这里安居乐业。

我为什么而努力生活？又为什么而努力微笑？也许我们一辈子都在寻找答案，谁又知道能不能找得到？

这世界上有多少个如我一样的你？

一个人，独自在异乡打拼，兜里有钱也三餐不继；想爱又怕被伤害；明明难过得要命，张口却永远都是那句"我很好"。

那晚妈妈打来电话，老爸因为牙疼，没吃晚饭就睡着了，她仔细一查看才知道，老爸原来所有的大牙都掉光了，难为他忍了这么久却只字未提……

孩提时，疼了可以哭，饿了可以闹！但现在，当我忍着胃痛也要完成工作的时候，我终于明白了我老爸的做法，原来长大了，总要一个人学着承担些什么！

原来，成长还有另外一个别名，叫作孤独！

失业不可怕，
就怕待业太尴尬

事情是这样的！

一个学妹入职三天便跑回家了，理由是：受不了女上司那尖酸刻薄的说话方式。至此，刚刚毕业一年的她已经失掉了四份工作。

她跟我说自己不适合社会生活，反正兜里还有点钱，她决定先回老家好好想想，然后再决定做什么，反正她妈一直说想她，回家正合她意。

学妹如果是什么千金大小姐，我还真就不会多劝她一句，哪怕她有点特长，我可能也会换种方式鼓励。可惜学妹就是一普普通通的学妹，既没技能也没资格证书，大学勉勉强强地混完。如果有个男朋友，准备早日嫁作人妻，甘当全职太太也行，可惜她还是一死宅，男朋友的事压根八字没一撇。

此等条件之下也敢裸辞，我除了佩服她的勇气外，只能赠她以个人经历用于勉励，事实证明：失业不可怕，待业才尴尬！

2014年夏天，我大学毕业。和我那些四处奔波找工作的同窗不同的是，我无须投简历便可以直接转正。

你可能会说，这不是很好嘛，但其实不然。

跨入社会的第一份工作，是一家地产公司的房产销售员，和我所学的国贸专业风马牛不相及。那是一个磨具工厂职工内部的地产项目，我们的销售对象正是磨具厂的工人，所以我们的售楼处便建在磨具工厂里面。但戏剧化的是，这家磨具工厂生产的磨具百分之九十五销售至海外，而同专业的师哥师姐甚至是同窗都在其海外销售部就职，就是传说中的“坐办公室的白领人员”。

我们隶属同一个集团公司，发等同的薪资；每天都得走同一个大门，吃同一家食堂。但是，他们是白领，而我是房产销售。

虽然大家口中都嚷嚷着所谓的“职业不分高低贵贱”，但实际上却并非如此，他们曾不止一次在论文群里面用刻薄的言语表示出对“销售”的深深鄙视。攀比，可能从准备毕业的那一刻便已经注定，曾以为天真无邪的同窗好友们也未能免俗。

即便如此，那份工作依然是目前为止我做得最久的一份工作。

如今回想，也觉得当时的生活实在太过幸福。虽然常规意义上“销售”是一份压力大且任务重的工作，但当时因为楼房五证始终办不下来的缘故，并未真正地进入过销售阶段，每日的工作只是常规的宣传预热活动，走访客户，做一些销讲练习，供吃供住，而且领导同事亲切热情，未有书中曾看到的那些“职场竞争”抑或是“关系不和”，日子舒坦得让人不想挪动，甚至很害怕丢掉那份工作，因为感觉自己除了忘掉了本专业的技能之外，好像也没有什么别的损失。

日子就这样得过且过，直到天降霹雳。项目僵死，市场部全员“被失业”，毕业的第一份工作在意外中突然中止，没给我一点的预兆与准备。

当时表现得还算冷静，得知消息的下午便海投了简历，那个毕业时未曾见过光的简历。

幸福来得很突然，因为第二天便收到了HR的电话，第三天便跑去市里面试，本来应该隔日再面的第三轮面试，因为家住得太远的缘故，面试官帮忙争取到了当日进行的特权。面试的职位是文案，简历上写着一些相关文字类的获奖经历以及做过写手的经历。就这样，经过三个小时的面试，在失业的两天后我有了新的工作，一切就像做梦一样。

但一切又并不顺利，因为还要找房子搬家等等。因为是被失业，感觉太丢脸了，并没有和家人说，但老妈却在我朋友圈的只言片语中猜测出了大概。

失业那么多天，那天最难过，因为觉得丢脸，明明是成年人，结果还是让父母担心了。第二天银行卡里多了四千块钱，彼时刚刚交完三个月的房租，浑身上下只有389块，前公司拖欠的工资依然遥遥无期。

收到银行转账信息的那刻，我捧着手机哭了很久。

新生活便是在如此措手不及之中到来的。

日子很快步入了正轨，新的工作是文案，是我喜欢以及擅长的文字类工作。很忙碌，也很充实，发现了很多不懂的东西，但正因如此才可以快速地成长。捡起扔掉了很久的公众号，开始坚持写文，感觉生活总是会“越忙碌越愿意去折腾”，终究好过那些得过且过的日子。

后来回想才发现，失业其实一点不可怕，它也不像自己当初想象的那般如同豺狼虎豹，机会总是留给有准备的人，曾经自以为是不务正业的那些爱好，只要坚持，也终将会找到用武之地。

不会有浪费的学习，时间也不会辜负努力。

可能有了失业的经验，跨过了心里惧怕的那道坎，也就没什么可担心忧虑的了，所以没过多久我便迎来了第二次的失业，只不过这一次是我主动。

彼时我在新公司刚刚做满3个月，再过几天我便可以转正成为正式员工。我在心里反问自己很多遍：“现在的生活是你所喜欢的吗？”

答案其实很肯定：“不是。”虽然文字工作是我喜欢的，但如果每天只是坐在电脑前按照要求写几篇稿子，一眼就可以看到未来几年的生活，那么这种没有挑战、一成不变的日子，便不是我想要的。

辞吧，我对自己说。这次的决定做得很匆忙，但也足够坚决。直接搬东西去了公司楼上的创业公司，事先讲好的，只是临时工作三个月，工资不多，倒是很好的自我成长机会。不过时间匆匆，终究还是要面临待业在家的现实。

你会问为何没有马上找工作？因为当时计划了年后一场为期半个月的说走就走的旅行，机票都买好了。

待业在家是一种怎样的体验？就是你吃饭也不对，睡觉也不对，看电视更不对，感觉整个年关都是在同情与冷眼中熬过的。

像失业这种“丢脸”的事情通常我肯定不会主动和家里坦白，很可惜，好事不出门，坏事却总是行千里，奶奶知道我没了工作的第一想法就是：“丫啊，你是不是犯了什么错误？”我说：“不是，我就是想好好歇歇，一直连轴转地学习工作，从来就没有真正的休息过，趁这机会休息一阶段再找工作。”我奶点头答应，转念又想起了什么：“丫啊，上班都会有压力，在哪儿都一样，不能累了受委屈了就想着逃跑……”

邻居去我家做客的时候，随口说了一句：“还没回大连啊？假期够长的。”语气有些阴阳怪气，对方走后我妈第一反应就是她怎么知道我失业的？末了还得补上一句："别告诉她们，就说还在那工作。"

其实人家只是一句普通的问候，"特殊"时期，草木皆兵。

叔叔前一天一脸气愤地讲了一个他手下实习生的故事，说是人家没干两天就跑了，他用一系列没有责任心等激烈言辞抨击了此等行为，末了还得加上一句："像你这种毕业一年多换了三个工作的，我招聘都不要你。"拐弯抹角地还是指责我……

失业那会儿没觉得什么，可这一待业在家，怎么感觉全世界都变了？

终于熬过了年，临走时我妈又在我手里塞了20块钱，说是车费。整个假期，我妈用过无数个蹩脚的借口往我手里塞钱，就怕我因为断了收入来源而委屈了自己，让我想起了上学的那会儿，她也会这样塞钱给我，三五十的零钱，凑几次就几百块，逢人总会说我过年往家里买了些什么，从来不说她又给了我多少。

那样温暖的瞬间比那些苛刻的指责更让人感觉难受，心里酸酸的。

我知道，他们都爱我，只是他们用的方式各不相同。

春晚在电视上重复了好几天，李思思的那句话也说了一遍又一遍："读万卷书不如行万里路。"我提醒我妈仔细听，我妈听后小声嘟囔道："读万卷书不如行万里路？也是，管不了你，你就去吧！"半个月时间，不知道他们能睡几个安稳觉？

说起来，那已经是两年前的事情了。

你们知道吗？我现在还在第二家公司就职，就是那个做过三个月文案的那家公司，不过换了工作职能。感激我曾经的也是现在的上司还能够记得我工作时的努力，即使当初决绝地离开，也依然记得我工作时的好，所以才会在有新的机会时第一时间又想起了我，一切都是刚刚好，熟悉的伙伴，喜欢的工作，理想的状态，一切就像命中注定一般。

两次的失业经验教会我几个道理：

1.你若盛开，蝴蝶自来，你若精彩，天自安排。每一份工作，无论喜欢与否，都要尽力去将它做好。既然做了选择，便要尊重自己所做的选择，热爱它，工作才会回以微笑！

2.没有一开始便会让你满意的工作，工作也是需要磨合的，辞职其实并不是解决问题的最佳方法，试着热爱它才是。

3.你可以选择放弃一个不喜欢的工作，但同时你也需要不断地修炼自己，机会只会留给那些随时可以上路的人。

4.辞职的时候只想着不喜欢不想要，那你有没有想过你真正想要的东西是什么呢？如果目标都没有明确，那么不代表你不喜欢不想要，只是你遇到困难准备逃避的理由而已。

毕业了就找一份可以一辈子做到老的工作其实未必是件好事，年轻时其实需要经历失业与待业。很多人和我一样，毕业的时候对未来的职业规划并不明确，只是随便找了一份可以养活自己的工作而已，它既不属于你的职业，更算不上事业，这个时候会离开是迟早的事情。

失业其实是给了你一次重新选择的机会，而待业则是让你学会沉淀的过程，接受它，然后战胜它，你会成为一个全新的自己。

何必在朋友圈里假装快乐

根据四月份发布的《2017微信用户&生态研究报告》显示，截止到2016年12月微信全球共计8.89亿月活用户，其中六成以上的人有必刷朋友圈的习惯。晒吃晒喝晒生活，美女美景欢乐多，可他们真的快乐吗？

我觉得，不一定。

前一阶段一位日本网红上了新浪微博热搜，她叫西上真奈美，在Ins上人气很高，腿长86厘米，参加过TGC时尚秀，但节目组跟拍她一天之后傻眼了，因为社交网络上的照片全是作假的。朋友聚会里的朋友们是因为她负责买单才请来现场的，不仅如此，那些简约风的家居生活照背后却是一座堆满垃圾的房子……

问她，为何不约真正的朋友一起？她回答说：“没有朋友！”

很多人把这个视频当成搞笑视频来看，可我却怎么都笑不出来。仔细想想，那些堆积起来的朋友圈的美好假象之下，我们又何尝不是一样的糟糕与孤独？

即使你每次发朋友圈，必有上百的点赞数又如何？那些点赞之交的友人真的可以称之为朋友吗？

我看未必。

好友M上传了几张给朋友庆祝生日的照片，三个姑娘在美颜相机的修容下个个肤白貌美，亲昵地挤靠在一起，摆出友情万岁的姿势，让人好生羡慕。不久之后见到M，无意中提到这件事情，她却一声感叹："其实很没意思，像赶场一样，大家凑到一起，送礼物、拍照、吃，然后分开。"没什么知心的交谈，蛋糕再大都不如十块钱一小块的黑森林甜，很多美丽的合照，不过是逢场作戏时挤出的假笑。

我还有一位好友X，她给人留下的印象一直都是乐观开朗，阳光明媚的样子，似乎永远都没有忧愁，尤其是翻看她的朋友圈时，这样的想法更甚。

有一次终于有幸见到了本人，出于好奇追问起她这个问题："你是怎么保持快乐的，教教我呗！"

她云淡风轻地笑笑，说要给我讲个故事。

X周末约了朋友一起去郊游，原本期待了很久，当天也是倒了三次车，花费两个半小时才抵达目的地。正当X满心欢喜地投身于大自然的怀抱之中时，却被一通电话浇灭了兴趣。

事情的缘由还要从几个月前谈起，当时X接了一个项目的策划外包工作，时隔几月，甲方非但不提结款之事，反倒倒打一耙将X一通埋怨，话语难听至极，与周围的美景形成了鲜明对比。风景再好看，可看风景人的心情却没了，周围的人都在用异样的眼光瞧着正在打电话的她，X慌忙逃开，找了个没人的角落委屈地落下了眼泪，无从发泄情绪，只好拿出手机发了条朋友圈。

"看，就是这条。"

她拿出手机向我展示那条朋友圈，漂亮的美景照加上励志的语言，我竟然还在点赞的头像中找到了自己的。

我有些疑惑，问道："你这是？"

她苦笑一下，说："朋友圈嘛，就是一个展现个性的平台而已，你可以伪装成你想要成为的任何样子。不熟悉的人根本不会在意你的喜怒哀乐，爱你的人你又害怕让他们知道你的窘迫，所以就这样喽，让你们永远看到一个快乐的我有什么不好？"

就这样，没有人看到她那时脸上的泪痕，她也只是在接二连三的点赞中顾影自怜地苦笑起来……

没想到，我原本以为的了解，不过就是浮于表面的误解而已。

说到这，我就不得不提我的另外一个好友S。

我和S同窗了好几年，关系不算好，但总归还有同学情谊，但某天，我还是决定把她删掉了。

这一年，她给我发了超过20条微信，包括"朋友圈第一条点赞"，"帮忙给我的×××投票"，"扫码关注一下"，其中不乏某些信息还是在23点之后抑或是周末一大早发送来的，明显还都是群发。

除此之外，我们之间没有任何联系，甚至连朋友圈点赞都没有。我所理解的同学情谊，成了她"传销精神"的必游之地，这种原本有条件发展成为朋友的关系却演变成了点赞之交都不如的微妙关系，功臣完全归功于这个略带点功利的"朋友圈"。

再说说另一个朋友G后。

我与她已经许久未见，上次见面的印象还留在西安路一家上海生煎馆里，那是我去西安路十次中的第一次。那时她还在培训机构里学习，每月只有几百块钱补助金，考试合格才可以作为培训讲师，《五年高考三年模拟》的习题册一做就要做到大半夜。彼时我还混在大连的郊区，折腾到市里就需三个小时以上，傻傻地拎了箱牛奶走了好几十公里，就为了见面一起吃顿生煎再聊上几句，这就是那时候的友谊。

后来的这段时间，我们很少联系。她喜欢发朋友圈，我习惯默默关怀，看着她笑，和小孩儿们一起打闹，一群人去了西藏，打心眼里替她高兴，自认为她过得很好，我也不忍打扰。

再次见面，已是两年之后。那天她穿了灰色的职业套装，依然傻傻呆呆反应比常人慢半拍，但她还是变了，变瘦了，背也越发有些驼了。

我们绕着街道找地铁，她依然晕头转向但也不紧不慢，原以为远在他乡独自生活的这几年她已经学会了找路线，实则不然。夕阳的余晖落在桥上，她静静地站在那里拍摄远处的风景。眼前的人明明那么熟悉，可我们始终不痛不痒地聊着，总感觉少了些什么。

晚上，G发来微信，我才终于搞清白天时她几次的欲言又止。她说："本想和你再去走走以前一起走过的地方的，但又怕你会忙……"

原来，疏远都是从彼此误解开始的。

其实我并不忙，即使忙，如果是她约我，也一定抽空。

明明叫作"朋友圈"，却带走了我真正的朋友。

逐渐远离朋友圈，才能找回真正的朋友圈，这是我最近才逐渐悟出的道理。

因为真正的朋友，根本不在"朋友圈"里。

喊着诗和远方的人依然坐在有空调的办公室里。

嚷着健身减肥的人打卡一礼拜之后断了消息。

加班到深夜的人殊不知他白天追了多少热门剧。

消失的人群中，有人已经上了路，有人练到肌腱拉伤，有人早已功成名就……

其实，我们真的没有必要在朋友圈里假装快乐。脱开浮华的假面，真正获得快乐的人，都是那些忙碌于现实世界里，热切并且真实地努力着的人……

突然想起海子，想起他的那首小诗：“从明天起，做一个幸福的人。喂马、劈柴、周游世界，从明天起，关心粮食和蔬菜。我有一所房子，面朝大海，春暖花开……”

如果缘浅，何必情深

L说：“找女朋友还不如养只狗。付出了那么多，最后什么都没留下，赔了夫人又折兵，可惜了那些钱。当初如果养条狗，起码它还懂得忠诚，起码它高兴了还懂得摇摇尾巴。”

被爱情伤害的他，经常口不择言地碎碎念。作为朋友，既觉得他可怜，又觉得他可恨。不就是分个手，至于整天要死要活的？而且当初在一起的时候给对方花钱都是出于自愿，事后又何必因此而心有不甘？

这或许就是女性思维和男性思维的不同处，我以一个女性的角度来看待这件事情，反倒觉得被伤害的他此刻过于斤斤计较了。

可渐渐地，听他碎碎念的次数多了，反而又听出些许不同来。我好像忽然明白，他真正可惜的，又岂是那些钱？

其实，他只是还不敢相信自己掏心掏肺的付出，最后换来的却只是对方的狼心狗肺而已。

爱情看似伟大，实际却都是寻求平衡的等价交换，如果一味地付出只是单纯地希望对方好而不求回报，那便不会哀叹，却也失去了两人相恋的真正意义。正因为一方爱入骨髓，并希望对方也一样，可最后对方并没有报之与期待中等同的爱，所以分离的时候往往付出多的那一方会输得一败涂地。

或许到时候就会像此刻的L这样，半死不活，堕落颓废，没了生活目标，深感这世界对他的冷漠与疏离。

可是何必呢？

之于亲情，爱情最大的悲哀就是它有发生变故的危险性，你无法笃定未来，所以相爱时才会爱得如此激情澎湃。

那句话说得好，分手后不可以做朋友，因为彼此伤害过；分手后也不可以做敌人，因为彼此相爱过。

所有的遇见都是一种缘分，所有的分离也是另外的一种缘。有这样的缘让人相知相爱，便会有那样的缘让人们分道扬镳，只是缘分这东西有深有浅、有长有短而已。可以试着闭眼回忆一下这过去的日子，这或长或短的缘分其实在我们的生命中随处可见，只是有些人走得近了，在我们的心脏上画上了浓墨重彩的一笔，这一笔划得太过用力，所以当他离去的时候，我们却久久不能恢复至正常的喘息。

让L念念不忘的是他和女朋友之间的相遇，那是一个因为无意间捡到对方学生卡而走到一起的故事，这讲起来倒像是一部韩剧。在外人眼里如此有缘的一对，最后怎么还是难逃分手的命运？

我只想告诉他，两人之间确实是有缘分，只不过经过这时间砂砾的冲刷之后，它变淡了而已。

想起我高中时的一个女性朋友，我们是在高一还未分文理班之前认识的。

对方给我的第一印象是大气、漂亮，接触之后发现她其实还有些内向、腼腆，是一个很好的女生。后来发生了一件事情，让我对她的感觉彻底改观，恍然发觉两个人的价值观其实相差甚远，或者说根本就不是同一个世界中的人。

后来又经历了分班，慢慢便断了联系，即使那会儿偶尔也会在校园里碰到，但也只是简单地打声招呼，从曾经亲密无间的朋友变成后来的举手之交，再到如今的连名字都回忆不上来的“陌生人”。如果不是亲身经历，真的无法想象。

其实她没做任何伤天害理的事情，只不过是拒绝了一个当时正追求她的男孩儿，但却恬不知耻地收了对方非常昂贵的礼物。

看似好像和我没有半毛钱关系，但就在她伸手微笑着接过对方递过来的礼物时，我就知道我们之间的关系不可能再和之前一样了。突然觉得两个人的三观根本就不在一个层面上。最关键的是，这件事儿过去了将近十年，十年后的今天，对于现在的我而言，依然很认同当年，16岁时的我的做法。

我这大抵叫作精神洁癖。

我常常会幻想，如果当初没有发生那样一件事情，我是不是就不会故意与她疏离？我们俩是不是便会一直要好下去？

答案必然是否定的，三观不合的人注定是没办法长期亲密相处的，即使不是这件事，也还是会有别的事来让我看清这个事实。

人啊，总是有缘相遇，没缘相处，经岁月过筛，留下来的才是真正该长伴身边的。

人类学家罗宾·邓巴曾推算出人类社交能力的上限，人类智力将允许人类拥有稳定社交关系的人数是148人，四舍五入大约是150人，这就是著名的150定律。我们身边的朋友注定会越来越少，但同时你也要清楚，留下来的也会越来越重要。

写到此处，我必须夸夸我的好闺蜜，我俩的性格大相径庭，喜好更是南辕北辙，曾经还闹过绝交。

但是人生最精彩的地方莫过于，某些看似不合常理的事情往往总会让人出乎意料，我俩就是这样莫名其妙地就要好了十年。

我其实不太信怪力乱神，但我相信命中注定，我们或许可以掌握自己的人生轨迹，却依然无法阻拦生命中那些离别因子的肆意滋长。

时间的钟摆从来不愿停歇，带着你兜兜转转，你身边的人今天来了，可能明天又走了，一切随缘就好。

年龄越大，越不愿花费时间去结交新的朋友，也不愿花费过多的精力去维系一段新的感情，我们开始念旧，开始习惯一成不变。其实你要知道，所谓真爱它飘不走，飘走的也没有必要去挽留。

毕竟缘分浅，你又何必用情深？

你会一个人看电影吗?

下班回家的路上偶遇两个女生，年龄和我相仿。其中的A问B：“一会儿打算做什么？”

B回：“去看电影。”

A继续追问：“和哪家帅哥啊？”

B云淡风轻地答道：“和我自己。”

A的语气变了，说：“哎呦喂，怎么自己去看电影啊，多奇怪？”

B不回话，闷声往前走。

我实在看不下去，口中嚷嚷着：“麻烦让一下。”便从两个女孩儿中间硬插了过去。

身后传来B女孩的声音：“我往这边走了，明天见吧！”

算是终止了这个无聊的话题。

一个人看电影奇怪吗？

我想起了我在逛街时看到的一对母子。

女人三十岁出头，男孩看样子也就六七岁，他们在商场门口互不相让地僵持着。妈妈手中拿着钱，直视着孩子的眼睛，目光坚定并且严肃的强调道：“你如果想吃，就要自己拿钱去买，否则我们就直接回家……”

孩子瞬间委屈到泪奔，“啊啊啊”叫着吵着外星的语言。

“你到底什么意思？”妈妈有些愠怒了。

“你陪我去……”他说得很小声。

妈妈的眼中有一丝动容，但依然没有改变自己的主意，俯身蹲下，视线与他直视，好声安慰道：“听话，你是个男孩子知不知道，男孩子就该脸皮厚一些，就买个冰激凌而已，听妈妈话你自己去买好不好？”

这个小孩儿像不像儿时的我们?

“陪我去厕所。”

“不去，还有好多作业呢！”

“去嘛，走吧走吧！”

这段对话是不是常出现在我们上学的那会儿?

“老板，来份麻辣拌，少糖多辣加份面。”

“好咧，打包还是在这吃？”

“打包！”

这是不是毕业后的我们?

我们一天天长大，看似慢慢成熟，实则骨子里的某些东西还悄无声息地跟着我们。

小时候，我不“敢”自己拿钱买东西；再后来，我不“敢”自己一个人去厕所；真的无人为伴的时候，我也不“敢”一个人形单影只地坐在餐厅里吃饭。

这是我，也是多少个你？

这到底是为什么？

之前网上流传一个孤独测试登记表：

第一级，一个人去逛超市；

第二级，一个人去快餐厅；

第三级，一个人去咖啡厅；

第四级，一个人去看电影；

第五级，一个人去吃火锅；

第六级，一个人去KTV；

第七级，一个人去看海；

第八级，一个人去游乐场；

第九级，一个人搬家；

第十级，一个人去做手术。

看到这个才恍然大悟，原来我们所有的不“敢”，都是因为害怕孤独啊！

可，真的是因为我们害怕孤独？还是害怕别人认为我们孤独呢？

我们真的害怕形单影只？还是害怕别人误解我们特立独行、不合群呢？

去年的一整年，我在电影院看了36部电影，其中的30部都是独自去看的。

总是被人问起：“为什么要自己去看电影？”

为什么？当然是因为我喜欢啊！

一个人看电影的自在，大抵只有经历过的人才会懂得。我们可以完全沉浸于电影的剧情中，想哭就哭想笑就笑，全神贯注地领悟电影主人公的心路历程，哪里有时间顾影自怜，得到的是别样的观影体验。

况且没人规定电影必须多人才可以去看，又不是打麻将，还需要“团队协作”？只是大家潜意识里认为电影是所谓的约会必备，你得有人约，这电影才该看，其实你的思维早已经被潜意识所“绑架”了，就像你潜意识中会认为“1+1=2”一样，你觉得那是真理，可你真的能解释明白为什么1+1就等于2吗？

你不能。

因为在这个社会所确定的法则里面，有些东西已经在你的思维中被设定好了。

比如：“你不该自己去看电影，你会看起来很孤单的。”再比如：“你到年龄了，应该找个男朋友，要不看着别人都结婚了，你得多寂寞啊！”

抱歉啊，那只是你眼中的我。

可偏偏，很多人活着就是为了给别人看的。

你收起了那件“别人”说很丑的衣服，虽然你自己很喜欢；你不好意思说出你喜欢的偶像，因为“别人”吐槽过他三观不正；你甚至不敢说出你是农民的子女，因为“别人”觉得农民就是穷困的象征……

那句话怎么说来着，“孤独不是在山上而是在街上，不在一个人身上而在许多人中间……”

这个世界如果没有可怕的对比，我们大抵永远不会知道自己的悲哀，所以渐渐地，我们迷失了自我，慢慢地活成了别人眼中合理的样子。

一个人看电影其实并不可怕，一个人吃饭逛街也不该是孤独的代名词，它只是我们选择的一种生活方式而已，虽然这种方式只有少数人选择了，但你不要因为势单力薄便感到卑微与孤寂。

如果再有别人问你："你怎么一个人去看电影啊！"

我希望你可以勇敢地告诉她："我喜欢啊。"

想吃的东西就去吃，即使约不到人；想看的电影就去看，即使身旁都是成对的佳人。

因为，你本不必刻意活成别人喜欢的模样。

从这一刻，请为自己的快乐而活，请按照自己喜欢的方式去享受生活。

只有这样，即使人生终点设在明天，你也不会有丝毫的遗憾，这才是努力活着的意义！

其实，
你也可以有点小奢望

那天吃饭的时候我老叔硬是要和我探讨一个话题，他问我：“一个月收入只有两千块的人为何一定要买一部iPhone？”

他想知道这样的青年人是怎么想的?

这是一个七零后与一个九零后价值观产生分歧的故事。

虽然我不会是那个青年人，但是我的回答却很肯定：喜欢就买啊！前提是如果他不再向父母要钱，管他怎么过接下来的日子。无论是每天馒头咸菜还是泡面不加蛋，这都是他个人的选择，起码有了那个iPhone他会有满足感，这种满足感是别的东西所取代不了的，它所带来的心理上的附加值可能远远超过手机的自身价值。

王小波曾在《黄金时代》里写道：“那一天我21岁，在我一生的黄金时代，我有好多奢望。我想爱，想吃，还想在一瞬间变成天上半明半暗的云，后来我才知道，生活就是个缓慢受锤的过程，人一天天老下去，奢望也一天天消逝……”

所以有的时候有点小小奢望是件好事儿。

奢望，并不奢侈，有的时候还会成为你努力奋进的动力。

坐地铁的时候，身旁坐了两个姑娘，其中一人正拿着一张房产宣传单仔细的研读，偶尔会和一旁的姑娘分享一下自己的研究心得。

邻近的姑娘凑上前，开玩笑的语气来了句："哎呀呀，研究这东西做什么，你买得起吗？"

拿宣传单的女生呵呵笑了两声，叹口气道："也是。"随后默默地将那张宣传单折叠好塞进了背包里。

两人又谈起了最近的大热剧，看样子关系应该很好，显然刚刚那位脱口而出"你买得起吗"的姑娘并非是出言嘲笑，只是在陈述一个事实，同时也道出了很多年轻人的心声。

但她那消极的态度还是让人无法苟同。

难道现在买不起就永远买不起吗？难道买不起一件东西的时候就不可以报以奢望了吗？

那活着是否还有意义？

我们或许可以在日本人的身上找到这一问句的答案。

前不久，日本经济评论家、管理大师大前研一出版了一本书——《低欲望社会》，书中敏锐地捕捉了日本年轻一代的普遍心理与生活态度。他们丧失了物欲与成功欲，晚婚化、少子化，不愿背负风险，消费意愿低迷。

还有另外的一个观念特别流行，甚至传到了国人中间，那个概念叫作"断舍离"，斩断对物质生活的过多欲望，过一种简单清爽的生活。叫起来好听，但实际却是教人少了些许的奋斗欲望，安于现状。

大仲马在《基督山伯爵》中说道："人类的全部智慧都包含在这两个词中：等待和希望。"

我很认可。

年轻人的奢望，转言之也是一种希望。

你有没有见过女生买完一件名牌衣服时走路的趾高气扬？有没有见过那个月收入只有两千块却买了iPhone的年轻人把玩手机时的小心翼翼？那个奢望着娶上校花的小伙儿工作是不是极其认真努力？

就是这样一群人，为了自己的物欲、占有欲以及出人头地的欲望，铆足了全力，拼劲儿地努力着……

如果这样的奢望让人努力，为什么不可以？

但你不要因此给自己找一个懒惰又可以依赖别人的借口，喜欢的东西，自己赚钱自己买，任何的奢侈品不叫奢侈，是幸福感；但是，一旦这种物质的满足是建立在别人的辛苦之上，那么，我会鄙视你！

遥不可及的梦想，要去努力，拼尽全力，只有这样奢望才能变成希望的动力。

我们被称为“九零后的一代”，传说中被批判为“过分自我”的一代，但是不要让他们小瞧了我们这一代。

当高楼拔地而起，科技取代传统工艺；当迎来黎明的第一道曙光，晕染起金色的发髻；当心中充满渴望，成就依然奋进的我你。

那便是我们的黄金时代。

光阴总是转瞬即逝，请记得珍惜。

年轻的我你，本可以有点小奢望，毕竟未来一定属于这一代的我和你。

王小波说：“我不能选择怎么生，怎么死，但我能决定怎么爱，怎么活。这是我要的自由，我的黄金时代。”

第二章

你总要学会自己长大

曾经梦想改变世界，后来却被世界改变

《欢乐颂》看到了第28集，越看越觉得深有感触，特别遗憾这部剧为何没有在几年前上映，或许我就可以少走些弯路，可惜啊，人生就是这样，有些事情你不亲身经历过，便永远活得不够通透。

讲讲剧里的那些事儿，其实很多愚蠢行为就真实地发生在自己身上，只是很多时候都是后知后觉，还有更多至今还都蒙在鼓里。

小时候看童话，所以天真又傻气；稍大点儿看名著，看贫瘠的土地怎么孕育他的子民，看那些凄美的爱情故事，所以矫情又容易感性；再后来开始看言情，导致至今都没办法接受现实；高中看教科书，大学看起了海岩，看王小波，看《悦读纪》……

我常常在想，为什么我明明看过了那么多人与人之间的相处之道，自己在群体生活中却依然没法娴熟地运用，学会圆滑地为人处世?

以前特单纯地以为，只要我一心待人，别人也会以同样的方式待我，傻气地把这个社会简单化。实际上职场里或者是社会群体里的为人处世和生活中的为人处世差别太大了。

讲一些自身例子，只当引以为鉴吧！

我高一上半学期的时候人缘极差，下半学期分了文理班，换了新班级新同学，才慢慢恢复过来。那半学期是我整个人生的黑历史，不堪回首。那时候的我就像一只带刺的刺猬，任何人靠近都会警觉地竖起“武器”，周围的所有人都是我的敌人，我觉得他们都讨厌我，相对的，我也很讨厌他们。

事情的缘由是在入学军训那会儿，我因为不满那个男劳动委员的劳动分配，为同班的女生打抱不平，和他大吵了起来，甚至吵到了老师办公室，然后发现班主任有意偏向，又和班主任大吵了起来，而且是当着别的老师的面！

我骨子里埋藏着“侠女情怀”的种子，我并不喜欢强出头，但我也看不惯这个世界上任何不公平的事情。

虽然如今回想，觉得那时的自己真的是傻得可以。

那年，我17岁。

当时的我特别理直气壮地以为很多人会站在我这边，起码那些女生应该站在我这边，毕竟我是为了她们。可实际上呢？没有人为我出头，她们甚至因此而疏远我，这些冷漠的面孔比不公的班主任还要令人心寒。

所以，那时候我特别讨厌我的那些同学。

也许是戴了有色眼镜的缘故，我觉得他们也特别地讨厌我。可能潜意识里有意想要逃避那半年的经历，以至于现在能记起的同学都所剩无几。

17岁的我，因为“冲动”二字付出了惨痛的代价。

樊胜美说：“对于上司来说，最忌讳不懂规矩的人。”安迪说：“没有公司喜欢惹麻烦的人。”显然，我就是那个既不懂规矩又惹了麻烦的人。

很多年后，在我第一份工作的过程中也遇到过同样的事情，我遇到了一个千年难遇的奇葩上司。

当时我们所有的同事都讨厌他，只不过，他们当着他面的时候可以假装虚伪地表示一下“喜欢”，但我这种直肠通大脑的人却学不来，所以到了最后，我也难免为此付出了一些代价。

人啊，就是一种很奇怪的生物，其实他心里很清楚大家对他的评价如何，可他们表面够和气，他便自然不会找麻烦。可我不一样，我的世界只有黑白两种颜色，我想对他翻白眼的时候真的没办法嘴角上扬，越是这样他便越想找我麻烦。

所以其实问题的主要责任在我自己，我知道。

那时我二十三岁半，刚刚步入职场。

如今回想，我其实特别感谢他，在和他斗智斗勇的过程中，我练就了如今这一身超强的抗压以及抗打击能力。

你知道吗？此刻的我再次回顾当年那些未能忍住脾气的瞬间，我其实非常后悔，但如果人生再重来一次，或许我还会做出同样的选择。

其实你也一样，青春本来就需要这样的莽撞，只有你自己经历，才会真的学会成长！

我的人生经历教会我一个道理：正义有时候也并非正义，它需要你变通地活着。

这个社会其实有很多的规则，有些东西就像皇帝的新衣一般，他明明没有穿衣服，人们却对此视而不见，如果你这时好心地提醒他说：“诶，你其实没穿衣服。”估计你就是待宰的那个。

你错了吗？不是的。那么他错了吗？也不是，只不过这是个少数需要服从多数的社会。虽然你说的那些都是真话，但毕竟这个社会更多的人还是喜欢听悦耳的假话。就好比街上有个人对你说："嘿，美女，帮忙指个路。"你难道真的美吗？你也知道那是假话，但对方如果说："嘿，丑女，帮忙指个路。"会有人理他吗？

道理你都懂，只是你做不到，我也一样。

直至现在，我也依然很佩服那些可以把社会规则玩转得很通透的人，也很羡慕那些拎得清的人，在我经历了更多的人和事儿之后，我恍然发现，我自身最大的问题就是把社会与生活给混为一谈了。

生活中，你的错误可以被原谅，你的家人与朋友会理解，会帮助你成长。

可社会中，你错误的恶果只能自己承担与品尝，谁也没有义务帮助你成长，你只能在不断地受伤后学会坚强。

生活中的人其实也是社会中的人，虽然都不完美，但也并不坏，只是他们扮演的角色不同，示人的态度便有所区别而已。

曾经，我也梦想着改变世界，但是后来，世界却改变了我。

你肯定也会为此迷茫且彷徨，你会不甘，你会愤世嫉俗，你会轻蔑地斜视那些被这个世界改变了的世俗的大人们。但是我想告诉你：这个世界纵然糟糕，但只要你摆脱不掉，世人所该承受的，你其实一样也逃不掉。

怎么办，谁让我们都是凡人。

我现在也在跌跌撞撞地走着，很多事情依然不懂，很多事情也依然没办法圆滑地处理好，有时候会有好心的姐姐在身后提点，虽然说某些违心话的时候总会心虚一阵。

有时候，下班的路上我就在想，你说人这么虚伪，到底图什么呢？为何大家不能直白且坦诚地对待彼此，那么是不是就不会有这么多套路了？不过设想一下那个画面其实也挺恐怖的，所有心里的咒骂都将被对方听到，撕破脸皮、露出狰狞丑恶，这样的世界是不是会变得更糟糕？

虽然后来我们都未能改变这个世界，但我们在自己逐渐转好的这个过程中，是不是也间接地改变了这个世界呢？

外国有一块非常著名的墓碑，上面刻着这样一段墓志铭：当我年轻的时候，我梦想改变这个世界；当我成熟以后，我发现我不能够改变这个世界，我将目光缩短了些，决定只改变我的国家；当我进入暮年以后，我发现我不能够改变我们的国家，我的最后愿望仅仅是改变一下我的家庭，但是，这也不可能。当我现在躺在床上，行将就木时，我突然意识到：如果一开始我仅仅去改变我自己，然后，我可能改变我的家庭；在家人的帮助和鼓励下，我可能为国家做一些事情；然后，谁知道呢？我甚至可能改变这个世界。

其实，也说不定，被这个世界逐渐改变的你们，已经悄然改变了这个世界。

痛苦谁都有，但别指望感同身受

这个世界总是由无数的巧合组合而成的。

如果那天不加班，如果我不急着回家做饭然后练琴，如果那天还像平时一样走路回家，如果我挤上了前一辆公交车……或许我就不会撞见这场交通事故。

但刚刚好，一切的如果均不成立，我恰巧上了那辆出事故的公交车。

这并不是一场严重的交通事故，简单的剐蹭而已，巧的是，事故发生的当时，我就站在最靠门边的位置，然后眼看着另一辆车从侧面朝着我的方向撞了过来，最终停在了与我一窗之隔的外面，那瞬间太快，快得都没来得及惊讶。

接着车子惯性的一个耸动，本就拥挤的公交车里立即怨声载道。

交警很快赶来，问公交司机要了手机用于拍照，我受启发地立即拿出自己的手机，点开相机功能，上面出现了一张大脸，竟然是自拍模式，身后的小伙儿还对着镜头笑了一下。

尴尬，还是尴尬……

在车祸发生后的一分钟内，我都不知道自己究竟在干些什么。

又过了一分钟，司机开始让乘客下车，后面的乘客不明所以然，站在原地不动地方。不知是哪个好心人大喊了一声：“车子前面撞上了，走不了了，大家赶紧下车吧！”

这时人们才陆续下车。

但是最先下车的却还是刚刚站在前面目睹了整件事故的那群人，我跟着人流向后走，不过是一辆公交车的容量而已，却好像看到了百态人生。

走在我前面的两个女生，刚刚就站在我身侧的位置，这时一个在幸灾乐祸：“幸亏我刚刚没投硬币……”另一个在忧伤：“这可怎么回家呀！”

再往前走，刚刚站在车子中部的人群基本已经散去，但在两侧座位上的人似乎还没有任何动作，有人甚至依然悠闲地把玩着手机。刚刚发生的事故，对他们而言，估计只是毛毛雨。晚高峰抢到个座位不容易，应该是很难愿意放弃吧！

走下车子，人群却未散去，好事者十之八九，甚至有人拿出手机在做记录，不知道是想发朋友圈还是想发微博抑或发给今日头条？

一旁，交警正在与两位当事人交谈，车祸现场，两位先生却率先对事故责任下了定论，各持己见，争论不休。

一女子气冲冲地从我面前经过，她在对着手机抱怨：“司机就这开车水平，还开什么车？”

身侧，一老太太一把扯过老头的胳膊，怒吼道：“你瞎看什么热闹，红灯看到没？”

而我，突觉恶心，那是种在发现王国坐完跳楼机之后才会有的那种恶心之感，后怕的恶心。如果刚刚对面的车子速度再快一点，是不是就不会有关于我的然后的故事了。

幸好，这个世界由无数的巧合组成。

我在下车十分钟后依然手脚冰凉，心惊肉跳，终于知道什么叫作“后怕”二字。当时想到做的第一件事情就是给我的闺蜜发微信，告诉她说：“我终于能够理解你上次跟我说的出车祸时的感觉了。”

她跟我讲她出车祸这件事情的时候，我们在旅行的路上，虽然当时握着她的手表示了同情，但旅行的期待与愉悦却远远要超过对她的这种担心，如今亲身经历之后再回想，才开始莫名地心疼起来。

朋友圈有个好友P，他恋爱的时候特别高调，失恋的时候更加高调，今天晒个烂醉如泥，明天再晒个黑眼圈难抵，起初的时候还会有共同的好友在下面给他评论，慢慢地好像都不太愿意附和他了，有一次他竟然私信跟我哭诉，问我为什么没人可以理解他的痛苦？

我突然就想起了那场交通事故。

就连坐在同一辆车上的人遇到了相同的交通事故，都会有如此不一样的反应，这世界又怎么会有人完全地理解另外一个人呢？

我很想笑他好幼稚，又不敢当面拆穿，只得敷衍着安慰，但希望他不会成为下一个你。其实类似失恋这样的事情千万不要吵得人人皆知。其一，没有人可以完全地感同身受并且理解你；其二，就像公交车上的那些人一样，当你痛哭流涕讲述的时候，其实多数人好像只是在看热闹而已，不是他们太冷漠，只是他们都不是你。

鲁迅先生曾在《而已集·小杂感》如是写道：楼下一个男人病得要死，那间隔壁的一家唱着留声机；对面是弄孩子。楼上有两人狂笑；还有打牌声。河中的船上有女人哭着她死去的母亲。人类的悲欢并不相通，我只觉得他们吵闹。

痛苦的时候大家都会有，可以发泄、可以抱怨，但要学会适可而止，毕竟没有人可以感同身受地理解你，你又何必撕开伤疤的血痂一遍又一遍地弄疼自己呢？

池田大作说过："对自己的痛苦敏感，而对别人的痛苦极其麻木不仁，这是人性的可悲的特色之一。"

反言之，其实我们也无法在别人感到痛苦的时候给予感同身受的回馈，这都是常情。

生活中，痛苦时常陪伴在我们左右，考试失利之痛，失恋之痛，失去亲人之痛，哪怕偶尔只是心里失落一下下也会让我们感到疼痛。忧郁、压力、焦虑，甚至是劳累、困倦，这些也都是痛苦的代名词，这个时候你会灰心丧气，甚至失去对生活的热情与勇气。

这个时候怎么办？

痛苦的根源归根结底来自于内心的自我意识与认知问题，面对同一件糟糕的事情，有人觉得无法承受，有人却觉得还可以。你们所处的立场不同，对一件事情的定义也不同，种种因素便会造成不同的人会有不同的感受，这个时候你唯一可以做的事情就是认清痛苦并且努力去快乐。

你要知道，一吐为快只是让你短暂开心的权宜之计，真正使你感到快乐的只能是转变内心认知后的你自己。

想起M之前问我的话，为什么你有事情都喜欢自己消化，而不是和我们说说？

我想这就是答案吧！

打针不哭，真的是因为不痛吗？

大约是下午四点钟的样子，太阳的余晖依然可以透过窗帘的缝隙照进来，病房里很温暖，不似晚上时的热闹，陪床的家属很少。

一个孩童的出现打破了这难得的安静。

护士难得的好脾气，蹲在地上耐心地哄着，针头拿在手里，孩子已经开始了哭嚎，全病房的人目光都聚焦到了那一处，带着些许的怜悯与疼爱。

打鼾的那位病友也醒了，屋子里瞬间成了吵闹的幼儿园，家长与护士齐声哄骗，直到针头插进了血管，这近乎演戏般的哭嚎才瞬时停止。孩子变得若无其事，甚至可以清晰地指证护士的说法："我今年五岁半，还没到六岁。"护士笑了，家长也笑了，病房里的其他人也跟着笑了。

五岁半的男孩儿你可知道？多年后你会遇到比打针疼痛千倍万倍的事情，而到那时，你或许也会疼，但却再难像儿时那般当众哭闹。

整个病房共有16张床位4把椅子，可同时为20位患者进行输液。这几天每天都是爆满的状态，或许除了我，都是感冒病号，咳嗽与擦鼻涕的声音总是此起彼伏，此次流感病毒有多严重可想而知。

每个人头顶的挂钩上都是两三瓶输液的袋子，头孢、青霉素或者是生理盐水……很多药物对血管都有强烈的刺激作用，坐在对床的那个男人他肯定也觉得不舒服，否则不会不停地翻身以及触碰扎着针的手臂，刚刚拿在手里的手机也放到了床上，仰起头专心地数起了输液瓶中液体的滴落次数，那种胳膊的肿胀与麻木感我也深有体会，绝对比针头插进血管的那瞬间要更加疼痛难忍……

旁边座位上的胖大叔，肚子不配合地咕叫着，声音很大，离了三米都能够清楚地听到，或许是他感觉到了尴尬，很快他便起身拿着输液的瓶子走了出去，再回来的时候手背已经肿起了水泡，护士手忙脚乱地重新为他输液。可能是因为他太胖了，也可能是因为他刚刚咕叫的肚子，护士这次进行得并不顺利，胖大叔表情丰富地看着那个对他张牙舞爪却愣是扎不进去的针头，心不在焉地回话："血黏的缘故吗？"

怕打针的男孩儿长大了，他就不再害怕打针了吗？

不，他依然害怕，只是他不再哭了。

我哥在我心中的形象始终停留在儿时他和我抢塑料项链的那一刻，快三十的人了，从来就没树立过一个长者高大伟岸的样子。

直到我爷爷去世的时候，这个固化了的形象才被打破。

守灵夜，他一直坐在水晶棺前面，挺着二百多斤的身板、弥勒佛的肚子，时不时地弓腰看看躺在里面的爷爷，偶尔嘀咕几句。下半夜实在熬不住，他竟坐在椅子上打起酣来，不知道梦到了什么，突然一惊醒，手机"啪"地应声落地，摔坏了新换的钢化膜。他也不以为意，又对着"睡着"的爷爷开始自言自语，趁人不注意的时候偷偷地揉眼睛。

那几天，第一次感觉到哥的兄长样子，忙前忙后地承担起了长孙的职责。

几天前看到一个创业者朋友的朋友圈，那是一首歌曲配上一句简短的评论，当时看到觉得很触动，刚刚想去找一下原话，却发现已经删掉了，我只能大意地复述一下。“在公交上听到这首歌，最近觉得很疲倦，睡眠很少，可想起还在地里干活的爸妈，瞬间有了精神。”

我和很多创业者有过深度对话，但让我印象深刻的不多，他算其中一个。

最近又看了《请回答1988》的第13集“超人归来”，平时稳重的像熊一样的爸爸，在得知儿子所乘坐的飞机发生了事故的时候，第一次表现得那么失态，可当儿子接起电话的瞬间，他竟还是压抑着心情，装作和平常无二的样子和口吻嘘寒问暖，简直和刚刚急得手抖的他判若两人……

晚上和闺蜜聊天，她说前几天她看电视的时候，看到里面的人在吃饺子，所以就很任性地说：“我明天早晨也要吃饺子，一睁眼就要吃到。”第二天早晨一睁眼便真的吃到了牛肉馅的饺子。

她爸做的……

突然想起几天前我妈跟我提到的央视采访，题目是《为谁辛苦为谁忙》，为此我还到网上查找了相关的视频资料。接触创业这么久，突然发现，为了所谓梦想而战斗的创业者几乎战死了一大半，小有成就的或者稳步提升的都是那些富有责任感的人，为了家庭，为了父母，为了兄弟，为了更好地生活……

男儿有泪为何不轻弹？也许是因为肩上的责任。

他们不是不痛不累不辛苦，只是作为丈夫、作为兄长、作为老板、作为父亲、作为男人，每一个身份都是重重的责任。

责任，就像小丑脸上的妆容一样，它掩盖了太多的忧愁与哀伤。

突然想起了多年以前看到的一幅图片，一个男人冒着雪坐在马路牙子上硬噎着一块干巴巴的月饼，而随着月饼一同咽下的，不知道除了雪水是否也有其他的成分……

曾经打针时哇哇大哭的男孩儿长大了，变成了顶天立地的男人，终于深知世界的不容易，难熬的时候也表现得小心翼翼，明明和小时候一样需要安慰，最后却只是用深沉的努力代替了哭泣。

长大
只是一瞬间

医院，是一个比教堂还要“神秘”的存在，有些人在这里出生，有些人在这里死亡，更多的人要在这里遭受痛苦。

那是三月份的一天，我在医院当陪护。窗外的花儿不知觉间争奇斗艳地开了，身上的冲锋衣不再符合转暖的天气，时间转瞬即逝，又漫长无比。

有很多话想要与人分享，却久久无法落笔，更多的时候只希望可以好好睡上一觉。

想起那一日，阳光也一样地明朗，如这一日一样。亲戚来了一波又一波，吵吵闹闹，中午又都匆匆离去。下午1时到3时，生命中从未如此煎熬的2个小时，等待检查结果的病人与家属，带着对生的希冀与对死的怀疑煎熬着，等待着。

老妈乐观地安慰我，说肯定没事儿，可快到3点的时候却突然觉得困意席卷，翻了身子面向病床的另一侧佯装入睡，究竟睡没睡着也许只有她自己知道。

我从未经历过这样一个瞬间，从未想过那张纸的厚重，只是突觉手脚发凉，临行的时候我用香皂仔仔细细地洗了两遍手，好好地整理了衣服，又整理了鞋子，一切准备妥当才走出病房。

直到后来看到隔壁那个已被确诊为癌症的阿姨，我才明白那一瞬间的感觉叫什么。

老妈说那位阿姨已经办理出院了，临走的时候她还特地打了口红戴了金项链，甚至费劲地打理了头发，“风风光光”地出院了。迎接她的不是阳光明媚的日子，而是不知为时多久的“未来”。

那一瞬间的感觉叫作“仪式感”，人们面临生的时候会有的仪式感，人类面临死亡的时候也同样会有的仪式感，庄严并且神圣。

我原本以为自己是无所不能的超人，但在医院的日子里我渺小回了孩子。

捧着拿到手的检测报告，大脑只有一片空白，三楼到十三楼，我与医生办公室之间的距离。电视剧里的剧情原来都是假的，并不是医生拿着检测报告坐在办公室里等着对患者进行宣判，而是我要亲自去取来报告，然后拿去给她并且接受宣判。

一个人的命运仅靠一张纸的厚度，等待另一个人的宣判。

原来生命如此之轻。

那一刻我唯一想到的就是在见到医生之前弄清那些看不懂的专业术语。临行前妈妈的话还回荡在耳边：“取完报告先拿回来给我看，然后再找医生。”

她其实根本就看不懂那张报告单，但我能懂她，她更想把命运抓握在自己的手里，而不是他人的。

从未如此地感激互联网，从未如此地害怕互联网。当我搞懂“阴性”二字的含义时，出乎意外的不是笑，而是哭，喜极而泣的哭。有人从我身边经过，稍微停留，最终还是选择离去。他也许是在对我表示同情，可我真的只是高兴，从来没有泪水像那一刻那般的甜。

我想飞奔回病房，可我顾及脸上附着的泪水，从未想过某一天我也要在父母面前隐忍泪水，从未想过有一天我要在父母面前佯装成熟的大人。

那一刻，我才恍然大悟般地惊觉，原来我都是26岁的大人了，原来父母已是年过半百的中年人。

原来我不再是孩子了，原来父母也不再是壮年了。

有了电脑之后，很少动笔，上班签到册上的姓名写得一天不如一天，但在手术前的免责声明上却洋洋洒洒写得足够字正腔圆。我妈从小就说，字如其名，姓名要写得足够大气，人才能足够有气度，我谨记。

麻醉师有气无力地念着上面的条款，声音如蚊，几乎听不见，对于这样的手术她也许早就麻木；一旁的舅妈问我要不要叫爸爸进来，不久前我看到他去了楼梯间，也许是去抽烟。我摇头，签了手术前第三张免责声明。

第一次感受到独生子女的责任与肩上的厚重。

晚上我发了一条说说：“一个人分享了父母全部的爱，理应一个人承担全部的责任；只是某一特定瞬间，还是蛮羡慕那些有可以商量依靠的兄弟姊妹的人。”有人回复我：“两个就不用承担全部责任了吗？”

他说这话时，一定想象不到我在免责声明上签字时那一瞬间的感受。正如我自己，也从未想过我的三字姓名会承载着如此生命之重。

好几天没仔细照过镜子，每天都是灰头土脸，早晚下楼买饭的时候总会遇到同样灰头土脸的陪护家属，偶尔彼此眼神碰撞，扯动一下嘴角，彼此的感受心领神会，终于了解当初一向注重发型的大哥突然剪了寸头时的心情。

智齿又开始发炎，牙疼的时候总是想起网上流行过的一句话，传说是一个零零后的孩子写的，他说："下辈子要当一颗牙，不开心的时候有人疼。"

我也想做那颗有人疼的牙齿。

但是疼我的人如今却躺在病床上，直到这一刻，我才真正懂得《人生》中那句"照看命运但不强求，接受命运但不卑怯"的真正意义。

脑子里不断地重复着那样一首旋律，在唱："妹妹你大胆地往前走，莫回头，通天的大路九千九百九……"

谁不想永远当个孩子，被人宠被人爱被人照顾被人关怀。

但是，谁又能永远当个孩子？

当别人已经无法帮到你的时候，你就知道该长大了。

长大就是意味着，"别人无法帮你顶起天空的时候，你可以自己顶住，甚至还可以帮别人顶住"。

长大其实只是一瞬间，在你必须学会自己解决困难的那瞬间。

越长大
越冷漠

A君又在向学妹电话哭诉，这一次学妹干脆随便找了个理由敷衍地挂断了电话。

学妹恨恨地打过来几个字："她为什么每次都这样？"

上学那会儿两个姑娘非常要好，要好到可以同吃一碗面，共享同一件连衣裙，但那段时光虽美好却也格外短暂。大三时A君率先交了男朋友，不算故意疏远学妹，但对待友谊还是产生了怠慢。学妹那会儿一心扑在校外兼职上，忙碌且充实，根本也来不及在乎友谊，两人虽有各奔东西之势，但却一直保有闺蜜之实。

时间匆忙地来到了她们的大四，A君交的学长男朋友归乡南下，两人的情侣关系虽未挑明中断，但不久后依然走向了末路。A君在学妹面前哭得梨花带雨，口口声声念叨"唯友谊万岁，男人全部去死"。在她失恋的那段时间，学妹全心陪伴，甚至放弃了一个很好的实习机会。对于那时的学妹而言，友谊似乎比天大。

时间又走到了大四的下半学期，两人一同转向实习大军中，相互鼓励、共同进步，纷纷找到了还算不错的实习。两位姑娘相约每晚六点地铁站相见，然后一起相依着站到学校那站，再一起到食堂吃碗油泼面……

又一个夏天到来的时候，学妹率先搬出了寝室。租的房子距离新公司很近，但房间很小，同住的还有两个女生。不久其中一人搬走了，空出的房间很快搬进来一名男租客，当晚学妹便发现新租客和另一名室友之间其实是不可描述的关系。莫名地她成了电灯泡，无奈之下只好重新找到中介，寻找下一个落脚点。

她给A君打电话，问她周末有没有时间，能不能帮忙搬家？对方有些歉意地回道："约了人，爽约好像不好诶。"

很久之后学妹才知道，她所谓的有约只不过是和新的男朋友一起逛街、吃饭。

初入职场的学妹第一次被领导骂，是在入职后的第三个礼拜。那个错误她其实是知道的，但她的组长要求她那样做，她不敢"违抗"，被骂的那一瞬间她才恍然清醒原来毕业时老师说的那句话是真的，"以后别人骂你，就是真的骂了"。她纵使满腹委屈，却也无法辩驳，只是啪嗒啪嗒地流眼泪。晚上的时候学妹给A君打电话，问她能不能过来陪陪自己？得到的答案是："我男朋友妈妈给我包了饺子，晚上让我过去吃诶。"

……

类似这样的事情，学妹还语无伦次地跟我讲了许多。末了，她才发问出那句最让她纠结的话来："其实刚挂断她电话那会儿我有后悔过，想她或许性格就那样，虽然挺不通人情的，但向我哭诉应该就是信赖我吧。可是一想到，每次我有问题找她的时候，她都不在，我就又忍住了。你说，人啊，是不是越长大越会变得自私冷漠？"

这个问题就像一记铁拳般砸了过来，让你猝不及防又无处躲闪。

还是夏天的时候，我们寝室的几个姑娘回到大连聚了一次，离别前我们在咖啡厅里小坐，她们讲各自的工作状态。S说："刚毕业工作那会做什么都不会，向同组的前辈请教，对方总是爱答不理的，当时就想等自己当前辈的时候一定要好好对待新来的。现在终于当上了前辈，可一看到那些新人问的问题，真的完全不想搭理。"L补充道："有时候我看到她们做错了我也会装作没看到，除非她问到我了我会管，否则绝不多管闲事……"

人，真的会随着年龄的增长而不断变得自私冷漠吗？

我的回答是肯定的，但冷漠的缘由也许并不是所谓"年龄的增长"，而在于"过去的经历"。

《海绵宝宝》第六季第四集中讲了这样一个故事：一个普通平常的早晨，海绵宝宝从梦中醒来，习惯性地去给宠物"小蜗"喂食，可是它不在。他又去找章鱼哥，去找派大星，结果他们都不在，他只好一个人到蟹堡王上班，结果一整天一个客人都没有。晚上他回到家，发现小蜗的食物没有动，这时候他开始惊慌，他走到街上才发现，整个比奇堡竟然只剩下他自己了。他在惶恐不安中度过了几日，正当他快要崩溃到暴走的时候，比奇堡的居民们全部回来了，原来他们都去过"无海绵宝宝日"了。

派大星朝着他走来，身上穿着印有"无海绵宝宝日"Logo的文化衫，海绵宝宝有些伤心地说："你也是，派大星？"派大星理所当然地回答道："对呀，这个标志就是让大家远离你的。"海绵宝宝含着泪说："你们高兴就好。"

不知是谁提出，"一起去过无派大星日吧"。大家一起呼应，纷纷上车，派大星还在节日的狂欢中，也欢呼着往车上走，但最后却被一只手拦在了车门外面，而拦他的那只手是海绵宝宝的。

因为被世界背弃过，所以此刻也要冷漠反击。就像挂断电话的学妹，就像推开派大星的海绵宝宝……

你常常会疑惑，为什么这个世界可以对我无情，我不可以对它冷酷？

其实很多次，我有过同样的疑惑不解。

午夜梦回时，楼下的“家暴邻居”又开始作威作福，吵骂声中我只是换了个姿势继续入睡；

一些无意义的询问，我不再耐心地解答，反而就当没看见；

对于新认识的人仅出于礼貌地表示友好，没有很冷漠，也不会很热情。

这个世界上的很多曾经惜若珍宝的东西都变得不重要起来，也许是所谓的“正义”，也许是所谓的“别离”，也许是别的什么东西。

常常，我也会惶恐，也会质问自己，究竟是什么让自己变得如此冷漠？

后来才发现，原来冷漠也许只是铠甲，并不是真正的皮囊。

前几日吃饭结账的时候碰见一位大哥，那会儿他正对着听筒另一端的人发脾气，脸色气得涨红。没一会儿，一个老太太还有一个抱孩子的女人从里面走了出来。男人压低了音量，迅速交代几句挂断了电话，然后快速地走上前接过女人手里的背包，朝着一旁的老太太说道：“妈，一会儿带您看电影去啊！”声音温柔得和刚刚还发脾气的那位判若两人……

那一刻我恍然间明白，其实时间并没有带走我们的温柔，只是教会了我们把温柔留给爱的人。

我也常常怀念我的少年时代，那时候逢人便称兄道弟而且有求必应，那时候每每看到乞丐定要翻找出几枚硬币，那时候嫉恶如仇以为怒吼几句便是正义……

可现在呢？长大后的你终于明白了，称兄道弟的未必是真友谊，掏出的5毛硬币乞丐们可能会嫌弃，嫉恶如仇根本解决不了“正义”问题。

长大后的你，终于有了拒绝别人的勇气，有了识别骗局的智慧，有了容忍不公的度量，也有了保持礼貌又不失风度的魅力。就忽然觉得，大人世界的“冷漠”其实也挺好的。

成熟后的冷漠，并不是让你冷眼旁观地看待这个世界，而是恰到好处地拥抱这个世界中心的温暖。

欢迎来到“冷漠”的大人世界。

在这里，温柔还是要有的，却不再是一味的懦弱；

在这里，善良也是要有的，但也绝不是任人随意宰割。

这个世界不像励志鸡汤文里告诉你的那般充满温暖，但它也绝不黑暗。它其实会有黑白两面，就像我们的白天和黑天。

你其实不必面面俱全，爱意洒满人间。

你要学着冷漠却绝不失温暖，疏离却不夹杂丝毫恶念地对待这个世界。将最好的那一面留给自己以及该爱的人。

有些感情
总会渐行渐远

S问我，和好朋友渐行渐远是怎样一种感觉？

脑海里突然闪过一个人，前几天她来大连旅游，我们顺便见了一面。吃饭的时候她点了盘鱼，我问她以前不是不喜欢吃腥味的东西吗？

她回，口味早就变了。

点好菜，她将菜单递还给服务生，顺便嘱咐道："鱼上面不要放香菜。"说完转头看向我，问："我记得你不喜欢吃香菜是不是？"

我尴尬地点点头。

其实我很喜欢吃香菜的，一直都是。

虽然心里不愿承认，但S的疑问还是让我不得不直面现实。其实，我和她之间的关系就是所谓的"渐行渐远"吧。曾经那么要好的姐妹，时过境迁一切都变了。如今我不知道她何时改变了口味，她也不再记得我的喜好。

究竟是谁的错呢？或许谁都没有错。

但彼此其实也都了解，我们再也回不到过去了，回不到那么要好的年纪。

人生或许就是这样，有些人遇见是为了永远，但大多数的遇见却只是为了今后怀念，甚至偶尔连记忆都会变得模糊不清。

初中那会流行过一本叫作《少男少女》的杂志，在杂志底端的交友栏中，我结识了人生第一位笔友，也是唯一的一位笔友。

彼时我初二，正是叛逆初露端倪的年纪，开始有了自己的小心事。无人倾听又急需倾诉的年纪，杂志下面的交友信息就像泥沼中的浮萍一般燃起了我的倾诉欲。我将我的小心思写在纸上装进信封里，贴上邮票便扔进了邮筒。

半个月后，我竟然真的收到了回信。对方是一个大我一年级的学姐，正忙碌于初三的备考之中。

我给她讲学校里的似水年华，她跟我讲初三生活的头晕眼花，我们用文字谈人生、谈理想、谈羞于启齿的爱情。我们答应彼此，不光要做笔友，还要做一辈子的好朋友，等我们长大了一定要飞去对方的城市见面，要躺在一个被窝里聊天，要……

可后来才发现，所谓的一辈子只不过是几封信的长度。

中考如约而至，她未能考上理想中的高中，退而求其次进了一所职业技校；我呢，转眼也进入了繁忙的初三。我们之间通信的频率从每个月两次，变成了每个月一次，再到两个月一次，信纸上的字数也逐封减少。我开始听不懂她冒出的那些夹杂脏话的新鲜词汇，她也不喜欢听我诉说初三学习的压力与劳累。已经忘记当初究竟是谁没有寄出回信，但曾经允诺要一辈子的友谊就这样说断就断了。

她奔向了崭新的花花世界，我继续留在现实的滚滚红尘，就这样越走越远，直至脑海中忘记彼此曾经的美好时光。

网上流传着关于“好朋友为什么会渐行渐远”的九点原因。

1.不在一座城市，很久没联系，感情就慢慢淡化了；

2.喜好相差巨大，越来越没有可聊的话题；

3.朋友越认识越多，给彼此的时间越来越少；

4.不过问彼此生活，不关心彼此动态；

5.需要帮忙时才想起对方；

6.一个已经走向了未来，一个却还停留在过去；

7.争吵之后没有人愿意主动道歉，于是便渐渐变得陌生了；

8.重色轻友，有了喜欢的人，就忘了曾经陪伴的好友；

9.岁月变迁，大家都在成长。

可其实，真正的离开从来都是不动声色的。张扬的离开会再见，悄无声息的告别才是永远。无须什么说服天地的理由，一切都是想走的借口。

东野圭吾就曾说过："人与人之间情断义绝，并不需要什么具体的理由。就算表面上有，也很可能只是心已经离开，之后才编造出的借口。倘若心没有离开，当能够导致关系破裂的事态发生时，理应有人努力去挽救。如果没有，说明其实关系早已破裂。"

年轻的时候我们总是很在意身边人的离开，你会伤心落泪；你会想办法去挽留，以为做些什么你们依然可以一辈子。但随着年龄的增长，你慢慢就会发现，越来越疲于这样的追寻，反而开始慢慢接受这样的渐行渐远。只不过偶尔梦醒时还是会伤心难过，会质问自己究竟从何时起变得这么冷漠？

你会发现，随着我们不断地成长，身边的朋友越来越少，但也是在这个不断筛选的过程，让每一阶段留在你身边的朋友都成了最合适的那一个。斯坦福大学心理学家劳拉·卡斯滕森将这个筛选过程命名为"社会情绪选择理论"。

这或许也是为什么，我们常常有这样一种感觉：越长大越孤单。

张爱玲和炎樱闺蜜情深的故事想必很多人都知道，但最后还不是分道扬镳。炎樱曾在信中委屈地疑问：“为什么莫名其妙不再理我？”张爱玲的那句：“我不喜欢一个人和我老是聊几十年前的事，好像我是个死人一样。”曾令多少人哀叹？

所以你看啊，面对渐行渐远的友谊之时，名人的回答也没有太过高级，只能说明一件事：其实我们都一样。

“友谊”二字，其实无须非得与“一辈子”三个字挂钩。我们活在这世上的每一分每一秒都将是这一生中的第一次，也是最后一次，即使他们只是和我们相伴了一阵子，但其实那便是一辈子。即使有人可以代替他陪伴你继续前行，但却没有人可以取代那段共同相伴的时光。

如果某天，友谊终将走向陌路，那就顺其自然吧！坦然地接受它，真心地感谢他，并且衷心地祝福他吧。

接受他将离开的现实，感谢他曾经的陪伴，并且衷心祝福他未来一切都好。

这才是我们对待“渐行渐远的朋友”的最佳方式。

我们这辈子都在离别，我们也将用一辈子来学习离别！

时间若是错的，人又怎么会对?

再次见到F的时候，她比上一年见面的时候整整小了两圈，我不可思议地看着她，追问她是喝了哪种减肥咖啡还是做了吸脂手术？

她苦笑着打掉我抓着她的手，说你别开玩笑了。

关于她为什么会变“瘦”，我是在当天晚上的微信中才知道的，她给我讲了个故事，关于她和一个男孩的故事。

那一刻我才知道，原来白天见面时她所有的欲言又止都是在酝酿这一刻的诉说。

她喜欢上一个男孩儿，但是对方已经有女朋友了，她不知道自己究竟该怎么办才好，末了还特地强调一句：“起初我真的不知道他有女朋友，真的。”

她是怎样的为人，我怎会不知，突然想到那首诗句来：“衣带渐宽终不悔，为伊消得人憔悴。”果真，只有不得的爱情才是减肥的良药。

F和那个男孩儿其实已经认识了很久，只不过那个男孩有女朋友的时间更久，为什么F一直没有发现呢？要么就是男孩儿隐藏的技术太好，要么就是陷入爱情里的女孩儿智商不高。

不管怎样，待到发现喜欢已经快要抑制不住的时候，才发现原来自己爱上了一个不该爱的人。

可爱情哪里有对错，只不过是错误的时间遇到了而已。

我问F，他是怎样想你的呢？

F说有一次他们一起出去玩，她借故多喝了两杯，虽然没醉但还是胆大了起来，她半开玩笑地问他："我要是比你女朋友先认识你，你会不会就是我的？"

那个男孩的回答是："你这么好，世界都是你的。"

F连忙追问我："你说他这究竟是什么意思啊？"

什么意思呢？我也猜不透，不过对于这种情况，如果是我，我估计只会做两种选择：勇敢告白然后离开，至少对自己有个交代；继续做好朋友，毕竟友谊比爱情更长久。

稍微年轻一点的时候，我可能会劝F勇敢地去告白，结果不重要，至少要给它画个句号，以便开始一段崭新的人生。

但是现在，我不会。

走都走了，何必还要在别人的世界中掀起惊涛骇浪呢？

F很自责地跟我说："你知道吗，有时候自己甚至会涌起很自私的想法，希望他们吵架然后分手，如果真有那么一天，我就可以光明正大地喜欢他了，可也就是想想而已。之前一直不明白那个女生究竟哪里比我好，前一阶段碰巧见过一次，那一瞬间我就明白了，我是彻彻底底地输了。如果我是他，估计也会喜欢她吧！"

我连忙回她："别想太多，你明明很优秀。"

这就是真的喜欢上一个人的样子吧！卑微到尘埃里，渺小到不能自已。

想起网上看过的一句话，我觉得特别好："爱一个人，原是爱到七分就够了，还有三分要留着爱自己。爱太满了，对他而言不是幸福，而是负担。世上的道理，原都是这么简单，无论是爱物，还是爱人，都要有节制。月满则亏，水满则溢，有时，太多的爱不是爱，而是巨大的伤害。"

我很了解喜欢一个人时的心情：害怕他知道又害怕他不知道，更害怕他知道却装作不知道。

我也很了解想对自己喜欢的人告白的心情：知道没有结局，但还是想给自己找个坚定的理由放弃。

可是可是，爱情虽然没有对错，却分先来后到。

一个人如果爱你，你会感知得到的，如果错误的时间相遇，那么这个人，这份感情，怎么也不会对，倒不如就把喜欢放心里。将"爱"止于友谊，说不定才是最好的结局。

即使我们无法拥有，但至少也不会失去。

看《最好的我们》的时候最是深有体会，路星河56次求婚，都没能比过余淮的一句："对不起，我来晚了。"这就是爱情，就是这般的蛮不讲理，久伴的深情怎能媲美内心的爱意？不是早来或晚来一步，而是这根本就不是属于你的情意。

F后来辞了职，离开了那个她喜欢的男孩儿，她说看到就想拥有，只有离开才能渐渐忘记。

原来，离开有的时候并不是因为不爱，而是因为太爱了。

其实这样也好，毕竟在爱的人面前，即使管住了心跳，也很难管住充满爱意的眼睛。有份调查上显示：人的一生会遇到2920万人，而两个人相爱的几率却只有0.000049，要有多么幸运，当你爱上他的时候他也恰好爱上了你呢？他不爱你，没关系，毕竟余生还很长，你的爱情可能还在路上。

不禁让我想到《最完美的离婚》里的一句台词，“罐头是在1810年发明出来的，可是开罐器却在1858年才被发明出来，很奇怪吧？可是有时候就是这样的，重要的东西有时也会迟来一步，无论是爱情还是生活！”

我也想这样劝说F，爱情也许真的是退一步才会海阔天空。

总有一天，会有那么一个人，你无须与人争抢，他只为你挡风遮阳；

总有一天，会有那么一个人，你无须装模作样伪装坚强，他也会喜欢你所有模样；

总有一天，会有那么一个人，你无须卑微乞求，他也会主动来到你身旁。

那才是属于你的爱情故事。

如果错误的时间相遇，就把喜欢放心里吧！毕竟你才是自己世界里的主角，又何必到别人的世界中背叛骄傲扮演配角呢？

第三章

16，26，62，隔的岂止是时间

26岁才实现16岁的愿望，还有意义吗？

学妹前几天收到一个神秘包裹，寄件地址显示，东西是从她老家邮寄来的，里面装着一个不知什么品牌的MP3，还是装电池的那种，不知道是哪个年代的产品。

正当她疑惑寄件人是谁的时候，她接到了家里打来的电话。母亲声音兴奋地问她，有没有收到自己寄给她的包裹。

学妹疑惑，给我寄个MP3做什么？

她母亲解释道："之前你不是一直吵着要一个MP3吗，前几天镇里我常去的那家化妆品店搞活动，满88元就可以抽奖，我看奖品有这个东西，就多买了几袋洗衣粉，随手一抽，没想到还真就中奖了。我本来还发愁怎么给你呢，人家店里的姑娘说现在都可以快递，我就让她帮忙寄给你了。怎么样，那东西好使吧？"

学妹挂了电话，沉默了好久，后来竟无声地哭了起来。

因为，那个MP3已经是她很多很多年之前的愿望了。

那之后，她好像工作得更加努力，而那个MP3据说被她锁进了柜子里，每当生活懒散、不思进取的时候便会拿出来看看，她就会重新燃起生活的斗志。

我非常理解她的这种心情。

在我很小的时候，非常流行一个动画片，名字叫作《四驱兄弟》，当时特别喜欢里面的小烈，更喜欢他的那辆四驱车——先驱音速。那大概是小学二年级的时候，每天零花钱为五毛到一元不等，攒了整整一个月，最后花了十多块钱在文具礼品店里买到了那款心仪许久的四驱车。迫不及待地当场便拆了包装，在文具店老板的帮助下，完成了组装。拿到完整版四驱车那瞬间的感觉至今我都还记得，该形容它为兴奋？还是欣喜若狂呢？

虽然那辆车没过多久就被我玩腻，送给了邻居家比我更小的孩子，但至少记忆里有它。

中学的时候特别喜欢一首歌，薛之谦的《认真的雪》。当时是在别人的MP3里听到的，那时候便特别希望自己也可以拥有一台。但几百块钱对于当时我的家庭而言有点贵，权衡之下，有了取而代之的随身听，买了很多张磁带，反反复复地听，听到卡带。

高一的时候，零花钱宽裕了一些，终于有了属于我自己的MP3，可彼时却已经流行起了MP4。

因为贫穷，这样的事情还有很多。

小的时候特别希望有一个毛绒玩具，想象着抱着它睡觉肯定特别舒服，这个梦想高中之后才实现，一个男同桌送的生日礼物。后来又陆陆续续有了很多只，可再也找不回当年拿到四驱车时的那种兴奋劲儿了。

小的时候特喜欢吃小浣熊的干脆面，但是却只买得起小当家。

小时候的愿望很物质，看似很容易实现，但好像又很不容易实现。

对于长大后的我们而言，当年的那些愿望实在渺小，甚至可以说是微不足道。

可是……那却是儿时的我们最纯真的希望。

如今实现它们对我们来说却没有任何的意义，因为当我们26岁的时候又有了属于26岁的愿望，甚至是梦想。

后悔16岁的时候没有早恋，现在实现那叫以结婚为目的的恋爱。

后悔16岁的时候不知道外面的世界广阔，现在知道了，却被生活畏缩了前进的脚步；

后悔16岁的时候没发现爸妈鬓角的白发、佝偻的身形，如今知道了却没办法常伴左右……

十年转瞬。

固执地去坚持了很多事情，但是依然遗憾。

某天照镜子的时候突然发现眼角竟堆起了皱纹，那一刻才恍然惊醒，我竟然也老了，第二天买了很多的面膜、眼霜，每晚在家一层一层地涂抹，某个稚嫩的声音在心里炸响。

那还是想当年，某个年轻无知的女孩儿洋溢着青春的笑脸高傲地夸耀着："老就老呗，早晚的事儿，我才不需要保养……"

那个女孩儿就是当年的我自己。

年轻才不会畏惧衰老，同样地，一无所有才不会畏惧失去。

那天和我妈聊我的旅行计划的时候又闹了分歧，我妈很不解地反问我："出去走一圈能怎样？钱花光了，回来你还不是得辛苦地努力赚钱，值得吗？"

对于六零年代出生的她而言，理解我实在有些为难她，不过我最需要的倒也不是她的理解，而是她们的放心。

是的，我住在租的房子，走路上班，穿平价的衣服，买东西得看标签仔细比价，生活颠沛流离，只能算得上温饱，为何要选择一种

“奢侈”的生活，没错，对他们而言，旅行就是一种奢侈。

很多人都有旅行的梦想，最后都被现实牵绊住了脚步。上学时没钱去旅行，工作之后随即面临买房、结婚、生子，处处都会使自己陷入经济危机。有人努力赚钱，说是为了以后奢侈……

可是到那时候，你还能走出去吗？

愿望是需要努力去实现的，而不该被现实打压于尘埃之下。

因为你不知道是否能够活得足够久？不知道何时会成功？何时才能达到心理预期值？不知道明天和意外哪个先来？

但衰老或许会比赚钱来得更快一些。

我们都一样，年轻又彷徨，迷茫又找不到方向。

可人总是要走上坡路的，纵观周围的一切，我想只要你足够努力，当你36岁的时候肯定也会和绝大多数人一样，房子会有、车子会有，家庭也会有，或许还可以有些小存款，可是到了那时你就真的可以去实现26岁时的愿望和梦想了吗？

无论答案与否其实都不重要，因为彼时的你会有属于36的愿望，比如父母身体健康，比如孩子健康成长，到那时你即使实现了26岁时的愿望，依然不会感到快乐。

就像这会儿哭泣的学妹一样。

心愿就是这样，想，就去做吧，不要考虑后果。想，一是浪费时间，二是只会让你停滞不前、畏首畏尾……人生何其短暂，怎样都会归于尘土，哪怕受伤失败了，至少我们还经历过。

当你回首过往的时候，你会发现，人生最遗憾的事情其实并不是失败，而是你本可以做却没有行动。

我和我妈妈讲，在我32岁之前不要和别的家长一样催着我嫁人，她总是一知半解地感伤道：“那可不行，32岁太大了。”

估计我们这一辈人，平均年龄真的可以超过90岁，那么32岁刚刚好。仔细算来还有七年，七年我可以做很多事情，我可以变得更加优秀；我可以毫无后顾之忧地选择自己想要的生活，做自己喜欢做的事情；或许我的愿望和梦想会实现；或许我也会碰巧遇到和我有一样想法的他……

“年轻”二字意味着你还有无数个可能性。

我们作为这个世界中相对独立的个体，一定要在该奋斗的年纪就努力奋斗，追求梦想的年纪便不留余力。

去忙碌，去追逐，去做自己喜欢的事情。

千万别等到36岁的时候，再追悔26岁时的梦想与人生。

别拖着26岁的躯壳，过着62岁的人生

你说你，明明26岁而已。

恋爱吧，你既怕失恋又怕被骗；

考证吧，你既没实力又没耐心静下来学习；

追梦吧，你既觉得不切实际又没实践的勇气；

就连最简单的少熬夜早休息，你都得纠结半天才能放下手机。

……

就这样，你还敢称自己26岁？

从付家庄打车回来，遇见一位特别的老司机。老头今年62岁，过了耳顺的年纪，头发花白，哼起调子却是中气十足。

我问他："大爷您今天看起来心情不错呀？"

他回："这哪是心情不错，心情好的时候呀我怎么会唱这首歌？"说着他又换了一首曲子，这一次的歌曲节奏更加轻快一些，很可惜都是些我叫不出曲名的老歌。

车子在跨海大桥上疾驰，海风夹杂着湿气拂过脸颊，车窗开到最大，他缓缓讲起了他的故事。

“我年轻的时候可是个佼佼者。”他表情略显得意。

“您现在也不错啊！”我说。

“现在？现在不行了。”他的语气中有些失落，不过转瞬即逝，“不过我不跟他们比（财富、地位），我跟他们比健康，再过一个月我就不干了（指开出租车），我准备买个车子出去转转。”

“这车（出租车）不是您的？”

“这车不行，我喜欢那种帅气一点的。”

“像吉普那种？”

“对对，我还得好好改装一下。然后我就开着它出去转转，趁我年轻。我家那位不同意，所以我得自己多攒点钱。”

“您想去哪啊？”

“我要先去内蒙古，在草原上骑马。我虽然之前没骑过马，不过我肯定没问题，直接骑上就能跑。我年轻的那会儿玩得可野，这些都不算啥。1980年我就给自己买了相机，1984年我开一家了粑粑馆（大连人习惯叫法，大抵是小餐馆的意思，类似成都的‘苍蝇馆子’），那时候这里连餐馆都还没几家……”他讲起了他的过去。

说到兴奋处他张开了手臂，车子飞驰在跨海大桥上，他哼着悠扬的调子，仿佛自己真的在草原上骑马一样。

“好想从这里跳下去。”

我惊，心想这老头不是精神有问题吧，我有些胆怯地回他：“您可不能有这个想法。”

“怕啥，你们年轻人不还都玩儿什么蹦极呢！”

“您说的是这个啊！”我暗自松了口气。

“我年轻的时候就跳过，我妈那会儿和人聊天，她一转头我就扎进了水里……”

他说的话没有丝毫的逻辑可言，一个62岁的老人，满是26岁的幻想，不知道最终他能不能实现，但依然祝愿他。

快下车的时候他提醒我：“我家就在黑石礁那，离这很近。要是哪天你在街上看到一辆改装得特别拉风的车子，一定要摆摆手，说不定车里面的人就是我……”

那一刻让我很触动，因为26岁的我，对于生活没有这样的斗志。

我的现任老板老胡同志，70年生人，今年47岁，头发半白，对外却永远宣称自己24岁。

我以前觉得他的这个自称就和我自称16岁一样，有点笑谈以及不服老的意思。后来工作需要，常常跟随他到各处进行创新创业演讲，被动地听了一场又一场，才意外地发现，原来这个自称24岁的中年大叔，真的有着不符外表的24岁内心。

他上一次问你知不知道什么叫作“不明觉厉”，下一次问你什么叫作“人艰不拆”，这次演讲提及了“走心、走肾”，下一次可能还会吐出“中二病”字眼。

我一个堂堂九零后，有的时候竟然也会被他问的这些网络词汇而弄得面红耳赤、口干舌燥，因为答不上来，好尴尬啊！

他经常说的一句话是：“未来都是你们这一代人的，我们这代（人）要是再不努力学习，很容易被你们比下去的。”

我的老板以身作则地教了我六个字：“活到老，学到老。”

高晓松之前解读过“四十不惑”四个字，他说：“我小的时候想四十不惑的意思就是40岁的时候就没有不明白的事了，等到40岁才发现，不惑的意思不是说你没有不明白的事，而是你所有不明白的事你都不想去明白了。”

我常常在想，年老究竟会夺走什么？貌美的长相，匀称的身材，还是漆黑乌亮的秀发。

后来才渐渐明白，所谓年老的意思，大抵并不局限于年龄，而是指我们对这个世界的好奇心，求知欲逐渐变淡了。我们成了四十不惑的中年人，五十知天命的半百老人，六十耳顺的慈祥老者……

你今年26岁，你不敢辞掉一份稳定却不喜欢的工作，因为你害怕动荡；你不敢追一个心仪已久的姑娘，因为你觉得自己没车没房；你不太关心国家大事，你也不在乎外面的世界什么样；

这样的你，真的是徒有一张26岁的皮囊。

特别喜欢一首歌的歌词，歌名叫作《30啊》，里面这样写着："有时以为人生就这样了，食之无味却心中骂嘴里嚼，不想安于平淡却又平淡了，怎么面对自己才好？哎呀哎呀真的老了吗？哎呀哎呀觉得累了吗？抱紧身边的他，幸福一个家，把梦酿成酱醋茶。是幸福把梦腐化还是自己太懒散啦？人生才30啊，还没有白头发，怎么梦想却皱巴巴？莫忘那些初衷啊，沸腾青春血液为自己高歌吧。人生才30啊，如圆舞曲的步伐，转个身后再继续吧！"

何况我们才二十多岁。

你有多久没有好好看过一本书？你和弟弟妹妹们沟通是否出现了语言障碍？你还会为了一次远行而整宿无眠吗？

你，明明才二十几岁的你，真的还年轻吗？

16岁有16岁的烦恼，26岁也一样

此刻，我坐在理工大学综合楼的教室里，写下这篇文章。已过秋分，天气转凉，窗外不再是繁花似锦，只有夜幕下的露珠闪着光芒，另一侧是成排被书籍占位的书桌以及认真自习中的学生。

2015年9月19日，彼时刚刚搬来附近不久，毕业后第一次走进大工，撞见一场军训会操训练，看着操场中充满荷尔蒙味道的青春一代，也忍不住跟着气宇轩昂起来，拿起相机偷偷拍下照片留作纪念。心中久违的热血沸腾之感再次涌上心头，也许因此留下了念想，以至于我后来一次又一次地来到这里。

前些日子去叔叔家，去之前他发来一条神秘微信，留以重任，让我好好劝劝因学习而苦闷的弟弟。明年他将高考，这剩余的200多天，将是他人生中至关重要的一搏。

家人们一直将我视为弟弟妹妹们学习的榜样，可惜我该自我批判，因为我并不算是一个合格优秀的榜样。以一个普通本科毕业生的身份，我能劝说他们什么？这是我常常在思考的问题，这篇文章便是我的思考所得，送给迷茫中的你我。

我的弟弟就坐在我的对面，去之前我已在脑海里构思了许久，从文学名著到名人事迹，每一个都是一个激励人的故事。可当他坐在我的对面，满脸微笑地看着我的时候，我的脑海中只有一团糨糊，语言就像机关枪一样破口而出，实则自己都不晓得在说些什么，我只觉得嗓子冒烟，他却依然满脸微笑地看着我，偶尔点点头附和一下，眼睛时不时地飘向一旁的电脑。

我知道，我讲的道理他都听懂了，他只是无法感同身受而已。

暑假的时候，清华、北大一日游成了热门的旅游消费项目，望子成龙，望女成凤的愿望可以安在祖国任何一位家长的身上，之前出门旅行的时候我也曾参观过国内名校，比如北大、浙大、川大等，不免感叹其有着历史气息的建筑校舍以及校园中的苍松翠柏，除此之外，所知寥寥。在大工蹭自习室的这两年，才深刻地理解了大学“好”与“不好”之间真正的差距。

此刻是晚间八点钟，综合楼全部亮着灯，我找不到一间空着的教室，周围的人都在安静地上着自习，或是小组的形式小声讨论着，对面的桌上放着我完全看不懂的力学书籍，那位学弟已经在这里坐了数个小时。现在是九月下旬，刚刚开学不足一个月，这样景象是这里的常态。在这里，教室从来不缺少学生，一年四季365天，除了短暂的假期，几乎天天如此。

这里的课程安排得很满，课业压力也很重。名校学生自杀事件屡屡发生也有其道理，但是遵循达尔文的《进化论》——物竞天择，适者生存。存于社会，就固然会遇到竞争，在有竞争的环境中生长才会变得更加“强壮”，所谓的“遇强则强”大抵也是这样一个道理。

不要以为名校只会产学霸，这里的课余生活也是格外的丰富。上学那会就有幸参与过创思人潮moredoer（TEDx形式演讲），原本六个小时的活动拖延成了八个小时，现场提前离场的观众竟然寥寥无几。毕业后，由于工作的原因，大大小小论坛、演讲也参加过上百了，可都没有比那次留下的印象更加深刻。

大工嘉年华那天，这里很是热闹，这估计已不再是学校自己的狂欢了，而成了很多人心中一个期盼的节日，当然也包括我。美食是必不可少，表演是点缀，更期盼的是那些可以体验的科技产品。

去年的整个夏天，每个周末我都会到大工上创新创业课，讲课的是我的老板。虽是工作，却也学到了不少东西。大时代背景下，各个高校均开始尝试进行创新创业教育，可因资金、资源等多种问题，均是举步维艰地行进着。而此时，名校就表现出了绝对的优势。无论人脉还是资金、资源，它绝不会让你输在竞争的起跑点上。想起我上学那会儿，和伙伴们一起也参与过“挑战杯”比赛（注：挑战杯是“挑战杯”全国大学生系列科技学术竞赛的简称），当时还获得了校级金奖，因此拿到了1.5学分而沾沾自喜了许久，如今想来甚是可笑。接触过无数个高校创业项目之后再回首查看我们的BP，难以想象我们那么糟糕的项目怎么也能够拿校级金奖？没有对比就没有伤害，最让人恼火脸红的不是实力的悬殊，而是明明实力悬殊却不自知。

你知道我为什么喜欢来大工蹭自习室吗？虽然我坐在这桌椅上不是看小说就是在写随笔，抑或是懒洋洋地睡个午觉，但是我就是喜欢坐在这里，你知道为什么吗？

因为在这里我看到了朝气，看到了活力，看到了梦想，感染得连我都想向青春看齐。每一次迷茫，每一次懒惰，我都要来这里坐上半天，看着周围的他们埋头于书海之中，心情也会慢慢地跟着平静下来。

我不晓得他们的心中在想些什么，未来想要报效祖国还是贡献于科研事业，抑或只是想幸福平安地过完这一生？其实我们无论做什么，也没有几个人的人生会像伟人那样轰轰烈烈，充满着传奇色彩。多数的我们只是努力着做一个平凡的人。

人生就是这样由无数个平凡的日夜组成，只是处在不同的节点上，你的感悟会有所不同罢了，我不希望当你在26岁和我一样的年纪再回首这段人生的时候，也有同样的遗憾。

虽然没有考上理想的大学，但我依然渴望像他们一样，虽然起点有些偏差，但至少努力不要比他们少，不要自暴自弃，我希望你也如此。

《平凡的世界》里有这样一句话："人们宁愿去关心一个蹩脚电影演员的吃喝拉撒和鸡毛蒜皮，而不愿了解一个普通人波涛汹涌的内心世界……"高考就像成人礼一样，给平凡一个汇报表演的舞台，未来的人生轨迹将各有不同，趋于平凡抑或是惊天动地，都各有天命。对于平凡的我们而言，每一次坚持都值得尊重，每一次努力都值得鼓掌，请为自己加加油！

十点钟，收拾东西回家，走到楼外回头张望时，依然有几间教室的窗户亮着。拐角处，男孩儿支着三脚架在抓拍着什么；灌饼摊位上，女孩点了个灌饼多要了个鸡蛋，笑声爽朗又绵长；校门口还有拖着行李晚归的学生，卖水果的阿姨还没有撤摊，只是声音沙哑了些许……

谁容易？都不容易。

别让等待，成为遗憾

很多年前的某个深夜，寒冬十二月的街头，我和RY两人就那样靠坐在铁质的栏杆上听了一个多小时的萧敬腾演唱会。当时就在想，等我哪天有钱了，一定要去现场听场演唱会。

事实上，那天的萧敬腾演唱会只是KTV门口LED屏上放的节目。我们预定了23点开始的午夜场KTV包房，当时距离23点还有一个半小时，周围的商店也都在几分钟前不约而同地拉上了卷帘门，城市的夜渐渐被安静所笼罩，无人的午夜街头，无处可去的我们俩，就那样瑟缩地坐在街头听了场激情四射的演唱会。

寒冷会让你的五官感受变得更加清晰，以至于时隔多年的今日都能记起当天的歌曲旋律，《王妃》《新不了情》《阿飞的小蝴蝶》……后来班级聚会的时候有人点了那首《王妃》，一首极具狂野又自带高潮的歌曲，可无论什么时候听到，脑海里都会自动跳回到那个心酸寒冷却又温暖无比的冬日午夜。

那样的回忆，或许一生难忘。

晚上和RY微信聊天，问她还记不记得那场萧敬腾演唱会，她秒回：“当然了，毕竟是人生的第一场演唱会。”

对啊，人生的第一场演唱会！

又是很多年以前，王菲来大连开过一场演唱会，就在金石滩浪漫的黄金海岸金石广场上。

那天我们的那个小镇破天荒地出现了交通拥堵，全是挂着各地牌照的私家车，卖荧光棒的队伍都快排到了轻轨站，黄金海岸的东岸几乎全在封锁范围内。

演唱会即将开始的时候，黄牛手中的票依然咬定在千元左右，对于当时每月生活费都不足千元的我们而言，那就是天价。

那天是5月13日，“5·12”四周年的第二天，所以记忆深刻。

那一天很冷，后来又下起了小雨，我和GZ两人坐在广场的长凳上听了几乎整场的王菲演唱会。口中呵着哈气，跟着近在眼前却又远在天边的天后一起哼《红豆》：“还没跟你牵着手，走过荒芜的沙丘，可能从此以后，学会珍惜天长和地久，有时候，有时候，我会相信一切有尽头，相聚离开都有时候，没有什么会永垂不朽；可是我有时候，宁愿选择留恋不放手，等到风景都看透，也许你会陪我看细水长流……”

一墙之隔的演唱会现场，也许他们也在一同哼唱，那一刻他们会怀着怎样的心情？多年以后，也许他们依然记得自己当年看过一场天后王菲的演唱会，但是否也会像我这般深刻？

一穷二白的想当年，没钱的正青春，演唱会真的是用来“听”的。

转眼就到了26岁，依然没钱，但至少可以保证经济独立，终于买得起演唱会门票了，却怎么都找不回当年坐在露天广场上淋着小雨听着曲的感觉。

彼时才明白，原来这世界上最不该做的事情就是“等待”。

爷爷去世以后，烧掉了很多衣服，很多几乎都是崭新的，活着的时候总是舍不得穿，想穿的时候已不能穿。喜欢的东西压了箱底，最后成了一抹灰烬。

当年和还算心仪的男生一起去看球赛，回程的时候他试图牵我的手，当时就想，这可是早恋啊，怎么可以呢！所以呀，就单身到了现在。

大四的时候有过一次出版的机会，当时某文化公司的编辑联系了我，要求在三个月内整改一本30万字的小说。彼时要写论文，要去实习公司报道，还要去旅行，精力实在分散，最终错过了当年出版的最佳时机。

所以，时至今日，依然只能默默无闻。

衣服在等合适的机会穿，恋爱在等长大了谈，机会在等空闲的时候抓，彼时还剩下什么呢？

最近时常感觉到不快乐，或者更确切的表达是，可以使人快乐的事情变得越来越复杂难搞。因为吃到喜欢的巧克力冰激凌便可以开怀大笑的日子终究成了奢望不及又回不去的曾经拥有。

如果换做以前，也许我会约上三五好友，一起K歌放松放松，或者一起坐下来聊聊互吐心事。但现代人的哀伤越发表现得不露声色，不会歇斯底里大喊大叫，也不愿与人分享互诉衷肠。我们不希望自己变得碌碌无为，又实在激不起丝毫奋发崛起的动力，唯一能做的只有空喊“一切交给时间，顺其自然”的口号。

我们的脚步看似很快，其实不过是在原地等待。绝大多数交给时间去处理的事情，最终都迈向了无疾而终的结局。

回顾我过去26年的人生，我所遗憾的事情，不过两个字——没有。

没有抓住的机会

没有用力爱过的人

没有追过的梦想

……

当时为什么没有按照理想中的状态去做呢？理智上讲，我们在等一个更为合适的机会再去做那些时机恰到好处的事情，所以一再地推迟、错过。所以有了那么多未完成的“遗憾清单”。

年少时想听一场喜欢的歌手的演唱会，没钱；有钱的时候，没了当年追星时的疯狂与冲动。

想背起包来场说走就走的旅行，没时间；有时间的时候，身体已没了背包旅行的体力与魄力。

想追喜欢的女孩子，没车没房没事业；事业有成的时候，她已嫁为人妻。

其实，人生就是这样，当初做的选择，多年以后再回首过往的时候，总会寻找到“遗憾”二字的缩影。虽然有些事情即使当初做了不同的选择，也不见得便会向着更加美好的方向发展。

可是呢……

有些事情本就不该太过理智，不应该是合适的时间做适合的事情，而是想做的事情都能第一时间勇敢地去做，那样便好。

26岁，
不要再想成为别人

你有没有过这样的想法：成为任何人都行，只要不是现在的自己！

想起我衣柜中压箱底的某件大衣，因为比平时买的衣服价格要贵一些，当初决定付款购买的时候着实纠结了良久，这般心心念念狠心高价买下来的衣服却在穿着不久之后起球了。

那是一件网红店的衣服，我很喜欢那个店的店主，经常在微博上刷她拍的美照，我觉得她肤白貌美大长腿，阳光自信又有经济头脑，还有那么帅的男朋友，完全就是人生赢家。所以每次翻看她店铺上新的美照时，总会把里面的主角想象成是自己，也就免不了心动地买上一件。更加令人费解的是，虽然明知道她家衣服的质量很差，但我还是买了不止一次。因为每一次都会被那些漂亮的图片所迷惑，可真实镜子中的自己却依然是个矮穷矬。

直到那一刻我才清楚地意识到，或许我真正想要的东西并不是那件大衣，而是别人所拥有的生活。

上次回家的时候整理书架，翻找出来好几本16岁时的日记本，彼时的笔迹和现在有很大的变化。那时候邻座的女生喜欢写楷书，横平竖直，宝字盖都要多拐一个弯，当时觉得她的字体特别漂亮大方，无意识地就开始模仿，然后便有了日记本上那些四不像的字体。

如今回看，真觉得那些字体都丑爆了，可当时的自己却像是着魔了一般偷偷地模仿着别人。

模仿？没错，就是模仿。

仔细想来，无论16岁还是26岁，这样模仿的瞬间似乎一直存在。童年时的暑假，电视上不知第几次重播《情深深雨濛濛》，小孩子还不懂情爱，但却知道在舞台上唱歌的依萍很美。那时候我总会到梳妆台那里偷拿走妈妈的口红，躲进小屋的角落里，借着柜子上的小镜子在嘴唇上涂抹上厚厚的一层，然后扯过柜子上防灰尘的白色布料围披在肩膀上，想象着电视中依萍摇摆的舞姿独自婀娜。2005年，超女最红的那一年，因为迷恋中性风格的李宇春而狠心剪掉了长发，青春期叛逆到不可自持的地步。后来，又因为喜欢的男孩儿而收敛了性格，学着掩嘴微笑，学着放低音量，越来越像其正牌女友的样子，很可惜的是，他依然不喜欢我。

学着做别人，渐渐成了生活的常态，总是假想着自己是别人，那个风光无限、令人艳羡的别人，而却渐渐忘记了真正的自己！

曾经不止一个人对我说："小溪，我好羡慕你哦！"

我就在想，你到底羡慕我什么呢？有时间又很悠闲？很潇洒，说走就走？生活过得很充实？还是别的什么？可你不知道我才更加羡慕你们呢！有人疼有人爱，有人做饭有人买单，有人倾诉有人分享，性格温和说话温柔，多才多艺能言善辩……不像我，似乎永远都是一个人。羡慕的链条中我们总在扮演着多重角色，既充当着羡慕者，也充当着被羡慕者，可真的有人可以永远处于羡慕链条的顶端吗？

我习惯性地在归家的途中进行思考，听听来自于这个世界最真实的声音。那天因为慵懒而改乘公交回家，公交车里人很多，我被后边蜂拥而上的人群推挤到一个小角落里，正上方栏杆的扶手太高，以至于我只得踮脚才能扶到把手。车子刚刚行了几步又慢了下来，开始堵车。透过人群的缝隙我俯瞰窗外，景色只有单调的同样拥堵在路上的私家车辆，视线中最先看到的是一辆黑色的奥迪Q7，在它的后面还跟着一辆银白色的奔驰，而街角，却传来了不符此情此景的音乐声，那是凤凰传奇的声音，虽然歌曲的名字我并不熟悉，但那动次打次的节奏却与此刻静止于原地的车辆形成了鲜明的对比，歌曲用那种类似于低音炮的工具循环播放着，声音循序渐进地传入耳里，让你根本无法拒绝它的侵入。循声望去，只见一群农民工模样的青年组团经过，脚步看起来很轻盈，就连脸上的表情都显得那般雀跃。我想他们大抵是因为结束了一天的工作，此刻终于放松下来才会如此开心吧。

城市的夜晚，百态的人生。音乐声逐渐远去，看着他们逐渐消失的身影，也不免艳羡，再过一会儿说不定他们就会回到宿舍开始打牌聊天了，而我们却依然拥堵在路上。

人啊，有时候就是这般奇怪的生物，无法拥有的才会视为珍宝。

我常常在想，我为什么总想成为别人？为此还特地查阅了许多心理类书籍，看到武志红关于“嫉妒”二字的解读才终于恍然大悟。他说：“嫉妒常是一个借口……或者从根本上说，是为了转嫁自己的自卑感。”

没错，也许这种羡慕又夹杂嫉妒的情感就是骨子里的自卑感。

犹记得一年前那段疯狂减肥的日子，每日只吃两顿饭，无油无肉，偶尔还用水果当代餐，不吃零食，坚持运动。最终的后果就是减肥过度导致营养不良，从而住进了医院。身旁很多人不解，反问我：“你明明一点也不胖啊，为什么还要减肥呢？”是啊，减肥的时候我其实只有95斤，完全没有必要如此，可我为什么还要减肥呢？

我说我想成为更好的自己。因为想成为更好的自己，所以变得极度自律，去学习更多的技能，逼迫自己做更多的事情，可越是这样，越会发现自身的不完美，反而越加地不喜欢自己。

住在大连的人都知道，七院是精神病院的代名词，而我家就住在那附近。每次从它门前经过的时候，总有种冲进去的冲动，我觉得自己的自我厌烦已经到了病态的地步，我需要心理医治。

这是一种无法与人分享的心理，因为绝大多数的人都无法理解。偶尔，那些穿着条纹病号服的阿姨们会从楼下招摇而过，买菜的时候也会与人讨价还价，我观察过她们不止一次，除了那身象征“生病”状态的病号服以外，绝大多数的时候他们又与普通人无异。

其实，我们中的绝大多数和她们又有什么区别？一样都是拖着普通人的皮囊，装着沉重的心伤，感冒都会吃药的我们，心理生病的时候却几乎都在选择漠视。总是那些摸不到触不着的东西驱使我们厌恶这具躯体，而别人的光鲜皮囊便成了我们的向往。

在这些社交媒体上，大家对另外一个人的了解多多少少都只是片面的，你眼中那个积极乐观向上的姑娘，也许只是她生活中的某一面而已，人们习惯性地刻意放大自身那些优点，以便掩藏内心那脆弱又自卑的不勇敢，至少我是这样。

工作的缘故，朋友圈里有几位直播网红，约见本人的时候终于知道什么叫作“见光死”；我也见过一个毫无经验的人仅靠背稿就成功地充当了几小时的专家导师。社交网络让我们处于一种别人光环的假象之中，羡慕的对象真的有那么完美吗？答案定然不是。

年轻的时候，我们为什么总想成为别人？我想或许是因为我们总是看不到自己的优点、闪光点，反而在不断地将自己的缺点扩大化。

这个世界总有无数个我，在过着厌恶自己的生活。

当我年轻的时候，我想成为任何人，除了我自己。

或许人生就是这样，无论当初做出怎样的选择，无论我们当初成了谁，多年以后的我们还是对自己感到不满，即使我们当初做了不同的选择，成了另外的那个自己，多年以后也很可能还想活成另外一个人的模样。

最好的人生或许该像那句台词一样："你该尽情地跳舞，好像没有人看一样。你该尽情地爱人，好像从来不会受伤害一样。生活本该如此！"

有些道理，只有某一瞬间才可以恍然领悟。26岁，一个应该看清自己的年纪，我们不再是16岁时处处羡慕别人的小孩子，至少从此刻开始，要学会接受不完美的自己。

别让自己
穷得渣都不剩

2017年《欢乐颂2》又一次大火，你追剧了吗？你被哪位男主圈粉了？霸道示爱的小包总，还是万事周全的老谭抑或是有内涵又会撩人的赵医生？可相比之下，王柏川的男主光环却要弱上很多，明明感情专一，踏实肯干，坚忍又有责任，在樊胜美家遇窘况走投无路时仍然不离不弃，毅然背负起两个人的人生重担。这么男友力爆棚的男人，凭什么就比不上其他的三位男主？难道就因为他家境普通？

家境普通似乎不是造成观众对他印象大打折扣的直接原因，却也是间接原因。比如租车，很多人觉得他太好面子，虚伪；比如，当他无法处理樊胜美家的破事的时候，他耍了心机，假装自己喝醉了。

其实归结到底，还是钱的问题。

这是什么时代？也许你会觉得这是一个让“穷”人变得更穷，“富”人变得更富的时代，仅仅通过努力就想实现逆袭那是天方夜谭。

而造成这种想法的原因在于，穷往往只是表象，真正恐怖要命的是它会像多米诺骨牌一样，引起一系列可怕的连锁反应。

一次有位创业者来找老胡，恰巧那天我在场。那人是来借钱的，彼时他刚刚将投资人投的钱全部赔光，他的妻子即将临盆，欠了员工很多钱，所以他来找老胡借钱，希望能渡过难关。

从两人对话的语气中发觉，这人似乎已经不是第一次来找老胡了。老胡劝他，有在这耗着的时间你不如去解决问题，对方辩驳道："没钱就发不了工资，发不了工资就没人跟着我干，接到项目也做不成……"

总之一句话，没钱根本进行不下去。

这些年接触了很多类似的创业者，BP都没有，单凭一个异想天开的创业想法就准备融资了，人家往往理由还很充分："我得融到钱才能做出产品啊！"

反观，给你讲另一个创业者的故事。

在大学的创新创业课堂上，某位学生问老胡有没有投资过大学生的创业项目？老胡便提到了L boss的公司，说明理由的时候他指出了两点："第一，找我投资的时候，他已经把产品做出来并且销售出去了；第二，他在日常生活中已经向我展示了自己出色的商业头脑……"

第二点理由是先天优势，而第一点却在于行动力。第一个故事中的人，因为总是想着拿到钱才能办事，所以根本从未努力做过什么，而第二个故事却刚好相反。但很多人在看待这件事情的时候却喜欢本末倒置，认为他因为拿到了投资，所以做出了产品。

不得不承认，"富"人的确有先天优势，但优势的地方却不在于钱本身，而在于思维方式与行动力上。穷人往往易受金钱支配，以所属的金钱多少来控制自己的行动范围，把金钱视为至高无上之物，因此往往造成表面上是为钱而努力，实际上却根本从未有实质性努力的恶性循环。

不知道为什么电视中演的那些大山里的孩子尤为热爱学习？实际上，在我家乡的那个小镇里面依然有很多中学都没读完便早早退学的孩子，一方面在于父母无知，不认为学习有什么重要性，最为无语的说辞是这样的："你看看那谁谁家的孩子，读了十几年书毕业还不是一样只赚几千块钱。"另一方面孩子自身也不认为学习有什么用。

书读得少其实是一件非常快乐的事情，因为他们绝对不会思考如何逆袭成"富"人这样深奥的问题，他们只会单纯地想一个字"钱"。

忘了在哪部影视剧里看到的片段，一群工人模样的男人蹲在地上等待被人雇佣，来了一个包工头模样的人出了一个非常不合理的低价，这时候衣着最破的那个人站了起来接了这个活。你猜后来怎么样？

后来这个地方劳工价格就被越压越低，因为无论多低都会有人接活。看那群累弯了腰的老汉，真的不知道是该同情他们还是该说他们咎由自取？

想起严歌苓《扶桑》里关于中国移民者的那段描述："不管人们怎样吼叫，把拳头竖成林子；怎样把'中国佬滚出去'写得粗暴，他们仍是源源不断地从大洋对岸过来了。他们不声不响，缓缓漫上海岸，沉默无语地看着你；你挡住他右边的路，他便从你左边通过，你把路全挡完，他便低下头，耐心温和地等待你走开。而如此耐心温和的等待，最终也确实会使你走开。他们如此柔缓、绵延不断地蔓延，睁着一双双平直温和的黑眼睛。从未见过如此温和的黑眼睛。从未见过如此温和柔韧的生物。拖着辫子的矮小身影一望无际地从海岸爬上来，以那忍让一切的黑眼睛逼你屈服……"

这就是穷的劣根性，骨子里的自我轻贱。

我们的父辈们，祖祖辈辈的谦卑和善，是这社会上再普通不过的老好人，他们常常教育他们的子女，凡事要学会忍让，因为我们惹不起别人；另一个世界的人们却教给孩子，要为自己的权利而奋斗，你搞不定还有我。

所以，富人变得越来越富，穷人变得越来越穷。

英国有一部纪录片叫作《人生七年》，片中访问了12个七岁的小孩，每七年再回去重新访问这些小孩，到了影片的最后就会发现，大部分富人的孩子还是富人，穷人的孩子还是穷人。但是里面有一个叫尼克的贫穷的小孩，他到最后通过自己的奋斗变成了一名大学教授，可见命运的手掌里面是有漏网之鱼的。

狄更斯在100多年前曾说："这是最好的时代，这是最坏的时代；这是智慧的时代，这是愚蠢的时代……"

何为最好？何为最坏？何为智慧？又何为愚蠢？突然有一天，你忍气吞声地发觉，这个世界真的是变了。你可能努力奋斗十年都不曾得到的东西，别人一句爸爸妈妈就可以轻易拿来，有些东西可能一出生就已注定。我们的努力看起来那么的微不足道。

通过努力真的可以实现逆袭，绝地反击吗？你开始怀疑。

决定一件事情成功与否的几要素里面，出身真的很重要，其次是运气或者机遇，再者也许才是努力。

"只要你努力了，便一定会成功"的论调，在这个时代已经很难成立。

或许以上通通都是铁一般的事实，可即便如此，为什么你还是需要去努力？

因为，除了努力，你其实一无所有。

所以，你如果连努力的心都没有了，就真的是穷得渣都不剩了。

最后，借用刘媛媛的演讲《寒门贵子》里面的一段话：命运给你一个比别人低的起点是想告诉你，让你用你的一生去奋斗出一个绝地反击的故事，这个故事关于独立、关于梦想、关于勇气、关于坚忍，它不是一个水到渠成的童话，没有一点点人间疾苦，这个故事是有志者事竟成，破釜沉舟，百二秦关终属楚，这个故事是苦心人天不负，卧薪尝胆，三千越甲可吞吴。

第四章

可以看透生活，但别丢了自己

如何面对“摆架子”的人?

小学妹在私信里跟我哭诉，上来就是：“我辞职了。”

事情的始末是这样子的。

小学妹和大学室友P原本是大学时期关系最好的姐妹，校招的时候两人投递了同一家公司，经过层层筛选，没想到竟然都被选上了。

想着可以和最好的姐妹到同一个公司实习，小学妹自然是欣喜若狂。刚开始工作两人互帮互助，一切都还顺利。不过渐渐地，情商的优势便起了作用，P以情商高擅沟通等优势率先被领导提拔，做了她们那一拨校招生中的小领班，也算是半个小领导。

小学妹自然为她的提升而感到高兴，可同时她却也忧伤地发现，曾经的好姐妹突然间变了。

比如：小学妹请教她问题的时候，她开始变得冷淡且不耐烦，偶尔还会出言抱怨。最让小学妹伤心的是，她竟然开始指使她跑腿，给领导送文件、打印文件、送发票……而这些明明都是她力所能及的。

当她再一次指使她做事情的时候，小学妹终于忍不住爆发了出来，反问她：“这些你自己难道做不了吗？”

对方的反应是："我不是看你有空才找你帮忙的嘛，不就是送个东西，你至于这样嘛！"

周围的人开始用异样的眼光看向小学妹。

从那天起，她和P再没有说过话。小学妹说她自己也有些后悔，想着对方肯定是把她当朋友才凡事找她帮忙的，原本她还想找个时间请P吃顿饭讲和的，可谁曾想又发生了一件更加令她心寒的事情。

周一一早，P就气冲冲地往她桌上甩了一张发票，说："你是故意的是吧，你说你连一张发票都粘不好你还能做什么？"

那正是上周P让她送去财务部的发票。

学妹说她到公司这大半年的时间，熬夜到凌晨的时候都从没有想过要放弃，可看曾经的好姐妹突然变得这么有架势的那一瞬间，她决定要离开了。

就这样她离了职，走的时候没有和P打招呼，只是从玻璃窗里远远地看了她一眼。她说没想到大学四年的友谊，工作这几天就消耗没了，原来友谊这么脆弱。

从头到尾我听的都是小学妹的一面之词，难免对她的同情心多上一些，但不可否认的是，她的室友做法虽有些不近人情，语言也略显刻薄，但道理是正确的。

我建议学妹应该好好补充自己的职场技能，不该再发生这种粘错发票的小错误。同时，也不该太过情感化地处理职场关系，如果对方不是她的好姐妹，或许她只会在心里抱怨几句而已，至少不会如此委屈，甚至到辞职的地步。

同时，再反过来说她的室友P。

还是我上面说的那个理，即使说得没错，但做法也太过不近人情，另外的确有摆架子之嫌。

摆架子这事还真和官大官小没什么关系，就是一做人的态度问题。

讲到这里，便不得不提一提我经历的那些奇葩事儿。

曾经组织论坛的时候，遇到过这样一位嘉宾。

当时在嘉宾邀请方面遇到了问题，手里可邀请的嘉宾人选碰巧都要出差，时间只能拖延到月底，无奈之下想起了前阶段同事介绍给我们的那个老板。当时坐在一起聊过，他也表示过论坛如有需要的时候可以找他来给我们分享，但是当我们真的再去联系他的时候，他反悔了，而且还用了非常蹩脚的借口。

其实，有些在我的预料之内。

一早和partner商量的时候，我就表明了自己不想邀请他的想法，当时的理由是分享嘉宾年龄大，不可控性大，最关键他不一定愿意配合你。

就差直白地告诉我的搭档，这个人有些“摆架子”。

时间退回到和这位老板见面的那天。

当天他坐在我们对面，双手十指相扣，身子斜靠在椅背上，微微跷起二郎腿，呈现出一种异常放松的姿态坐着。与之谈话的时候，视线正对着他的鼻孔。这样的坐姿一般由两种原因造成：第一种是姿态，略带些傲气的姿态，借此来表现自己的高高在上；第二种是体型，有大肚腩的人这样坐着比较舒服。

显然，他属于前一类人。

我没有上过正规的心理课，评判人的标准没有所谓的科学依据，这些观人的技能源于我之前的工作。当时所从事的是销售行业，一年半的时间大概接触了一千五六百个形形色色的人，虽然他们职业相同，但是他们的性格和处事方式却大多迥异，有尖酸刻薄的大姐，也有心肠热的大叔，有心怀不轨的“笑面虎”，也有闷声做事的男青年。

正因为与社会形形色色的人有过密切的接触，所以在“认人”方面掌握了一套属于我自己的小窍门。

还有一次，在海创周的路演现场，某位创业项目的CEO在抽取到大数号码牌之后随即反悔，找到主委会商量，希望可以将其路演顺序调到前面，因为怕赶不上晚上的飞机。

当时与我们进行协商的是那位老板的男下属，那位老板就在他身后五米远的座位上跷着腿坐着。主委会出言解释：“这是大会规定，我们没办法给您进行更改，否则抽到别的号码牌的路演者也会不服。”

对方开始大声嚷嚷：“我们不是赶飞机嘛，你们还能不能通点人情啊？”

因为当时在场的只是工作人员，并无实权，双方僵持不下的时候，那位坐在椅子上的老板站起身来，拍拍衣服，不怒自威对着男下属招招手，说：“别为难人家小姑娘了，她们也不容易。”

那位男下属又看了眼我们，点头哈腰地朝他老板小跑了过去。当时我也在现场，对方的难处我能理解，随即张口询问对方飞机的起飞时间，老板见调换有望，重新走了回来，说明了一下具体的起飞时间。

我们根据主持稿上的时间安排帮他推算了一下完成路演的时间，距离飞机起飞还有将近两个小时，如果出门直接乘坐地铁，半小时即可抵达，完全来得及坐上飞机。

我们将想法告知对方，得到的却是一个生气的转身。

刚刚便嚣张无度的男下属再一次冲上前来，怒吼一声：“我们老板能坐地铁吗？”

嘿，奇了怪了，你们老板怎么就不可以坐地铁了？

事情变得更加糟糕，最后的结果就是把他们移交给组委会领导去处理。

远远看去，刚刚在我们面前还嚣张跋扈的男下属，这会正卑躬屈膝地给他们老板递着矿泉水……

那画面真的是可悲可叹！

这就是我现在的工作，依然每天接触着形形色色的人，整体来说其实比做销售的时候好上太多，起码不会被当面质问或责骂，想当初我也会被这些奇葩事气得一脸火气或是满肚委屈，但是现在却可以坦然面对。

针对摆架子这事儿，我有几点要说：

1.请放平心态，提高姿态，注意时刻保持微笑。

人呢，这个心态很重要，这个姿态更重要。

我的partner说他第一次自己主持论坛活动的时候特别紧张，他还说我之所以不紧张是因为我经常负责类似的活动。岂不是笑话，第一次的时候我也紧张，但是心态特别的好，想着台下的他们不过和我一样，一切都是为了工作，有什么紧张的？第一次面试的时候也紧张，而且面试三轮，从HR到上面的大Boss，真正坐在那里的时候心情却平静了。我当时就想，我也没吃过你家一口大米，无论你多大的Boss，为何我就要怕你？

这种奇葩的论调支撑着我一次又一次厚脸皮地晃荡于各种圈子。记得保持微笑，被尊重其实不分年龄与职位，一切都是从你一个自信的微笑开始的。

2.别做抬轿子的人

架子其实都是被抬轿子的人抬出来的，如果没有那个马屁精男下属，说不定他的老板也不会显得那么有架子。所以，其实抬轿子的人似乎更可恶。

没有抬架子的人，何来的架子，所以一切都要从我们自身做起。

3.别做官架子，要做骨架子

做人应该低调一点，膨胀得越厉害，跌落的时候摔得越严重。

与其做个官架子，倒不如做个骨架子，既能支撑别人，又能承重真正的自己。

修养
与身份无关

工作原因，接触过很多中小企业老板，不过这年头“老板”这词含水量太大，随便组个团队，注册个公司就可以自称“老板”，故此也导致所谓的“老板”身份明显的良莠不齐。

接触多了，总结出一个道理：“修养与身份无关。”也掌握了一项职场必备技能：“见人说人话，见鬼说鬼话。”微笑不再只是一个表达心情的表情，更多的时候只是一种体现职业素养的礼貌。

不值得敬重的老板第一款：不守信用型

我的微信好友正以树状图的发展趋势不断增长着，为了能够准确无误地叫出每个人的名字，对于人物的信息备注及分组便显得尤为重要。

除了基本的姓名、领域、公司及职称之外，还会进行信用分组。这就类似支付宝的芝麻信用一样，我也会根据自己的判断对所接触的人群进行信用分组。不守时者，扣分；无故缺席者，扣分。

很多人会因为我们举办的论坛活动为公益性质而觉得无关紧要，

临时有了别的安排便可以随时取消之前与我们的出席约定，敷衍地说一句对不起。更有甚者会莫名缺席，连原因都懒得告知。这些都是所谓的“老板”。自以为日理万机，哪哪都需要自己，实则就是没教养。他不会考虑到临时缺席会为对方带来多大的麻烦，明明很多缺席的原因都可以提前告知，但他的世界中却只有自己从来没有别人。

不是所有的对不起，都能换来一句没关系。孔子说：“言必信，行必果。”巴尔扎克说：“遵守诺言就像保卫你的荣誉一样。”司马光说：“丈夫一言许人，千金不易。”

有些人确实学会了怎么经商，但却没学会怎么做人。

不值得敬重的老板第二款：言语轻佻，动作轻浮型

昨天刷朋友圈的时候，看到一个网红A的美照，刚刚发送一分钟，下面已经有了一个赞，是我的某个嘉宾P，忍不住又让我想起了活动当天的事情。

当天活动来了好几位网红，但只有网红A比较出挑，P也在嘉宾之列。轮到P讲话的时候，他就一遍遍地夸奖刚刚发言的网红A，亲切地一遍又一遍喊人家的名字，提到别的网红的时候就变成了食指指着对方：“刚刚就你说的，名字我没记住……”

我不是台上的网红，我不知道被人拿手指着说话是怎样一种感受。只是他言语的偏袒之情让我一个局外人都觉得浑身不舒服。尤其是作为一位已婚男士，公共场合言语如此轻佻，真不要脸。

还有位嘉宾L，长相一脸正直，说起话来也是头头是道，原本很是敬重他的才华，但私下接触你就会发现，什么叫作“人不可貌相”。同事H姑娘和他对接工作的时候，他总是自然地搭肩。

拜托，表示亲切这有些过了吧。有事说事，别动手动脚好吗，这样真的很恶心。

不值得敬重的老板第三款：自视甚高型

楼下咖啡厅是创业咖啡厅，所以经常有创业者约在这里聊生意，其实很容易辨别出矩桌两侧的人谁是甲方谁是乙方。

有次办活动，有两人坐在靠角落的位置聊天，其中说话的男人声音过大，影响了我们这侧的活动举办，我便走过去提醒，那人皱着眉点了下头，算是回应了我，但声音丝毫没有减弱。我反感地又回头打量了一下那人，只见他斜靠在椅子上，一只手拄着椅子的后侧，略微昂头地看着他对面的人，一脸的趾高气扬。

看不见对面那个人的表情，只见他时不时地点点头，离远看就像是被老师教训的小学生。

没过多时，两人起身准备离开，我终于看清了刚刚那个背影的长相，他笑着和对方握手，男人象征性地回握了一下，手一扬，大步朝着门口走去。驻足在原地的小伙儿收起刚刚的笑容，变得一脸严肃。彼时我站的位置距他很近，看清了他脸上的表情，那是一种很微妙的，略含鄙夷的神情。

工作其实就是这样，总会遇到一些自我感觉良好的客户或者领导，即使我们心中觉得对方是个蠢货，依然要保持平和的微笑。

工作上这样奇葩的事情还有很多很多，给初入职场的人一点小忠告：

1.别太把对方当回事儿，也别太把自己不当回事儿。尤其是女性，在遇到上述讲的那种言语轻佻的老板时，千万不要因为顾及对方身份而纵容其毛手毛脚的行为。

你要知道，我们凭的是本事赚钱，和他没有任何关系。

2.太生气的时候不要直接与客户接触，容易把握不好情绪，冷静下来再沟通。

情绪的控制需要不断地历练，年轻的时候很容易抱着一种“大不了不干了”的冲动，但是工作嘛，就是要求你即使知道对方是个蠢货，我们也要陪他把戏演下去，毕竟哪一份工作的钱都不容易赚，有些时候忍气吞声也是你工作的一部分。

3.气头上别在公共平台上发表言论，等你冷静下来的时候你会后悔的。

当时有个同事被公司开除了，气头上在朋友圈说了很多前公司的坏话，那家公司的人事经理原本惜才，本打算将他介绍到朋友公司去的，结果却看到他这般消极的言论，直接将他删除了，他不但因此错失了一次非常好的机会，而且还落下了“人品有问题”的坏名声。

4.工作而已嘛，何必太较真。

这绝不是一个消极的言论。

上学的时候你可能还会因为和你的朋友就某一件事的观点不同而吵架，甚至冷战，但在工作中不要这样。

工作中产生分歧的事情时常发生，但工作只是工作，不要上升到别的层面，尤其不要在工作中拉帮结派。

刘希平在《天下没有陌生人》一书中说过：“每个人的价值观有所不同，真正的智者应该兼容并蓄。要求所有人的言行都符合自己的价值取向，这本身就是痴人说梦。宽容的心态是保持与人良好沟通的前提，求同存异也是处理矛盾的重要原则。”

无论如何，面对工作，记得保持微笑，毕竟即使不是出于本心，也可以出于礼貌……

喷子无情，
你又何必用心

是，那篇《17天女生独行，如何用4000元横跨南北三省四个城市？》的文章是我写的。

当时在简书上的反响不错，而且一些微博、公号大V还私信了我索要授权。这么多人喜欢它，我本来挺高兴的，便欣喜地通通开了白名单。

可惜我料到了开头却没想到结局。

简书上一边倒，好评又励志的游记到微博看客的口中却变成了“骗人的毒鸡汤”，评论简直闪瞎眼。

我耐着性子将上百条的评论看完，总结成一句话：陌生人的眼里，我是一个“谎话连篇”“不干净”“生活作风有问题”“为了刷旅行地数量而旅行”的坏女人……

当然，原话比这些言语要恶毒更多。

出于好奇，我还特意点进去那些怼我的人的微博主页看了看，得出的结论更加令我惊讶不已：“这人明明长得不错呀！”“这微博签名写的不正是诗与远方吗？”可为何这样的人却喜欢在别人的微博评论里用那种阴阳怪气的语调评论？

我百思不得其解。

晚上回家坐车的时候，无意中瞄到了隔壁女生的微信聊天内容，看到了几句脏话，我再试图抬头打量她的样子，看起来蛮恬静的一个姑娘，穿得很鲜亮，长相也很甜美娇小，难以把微信上看到的内容和她本人联系到一起。

那一瞬间，我好像突然明白了什么。

我环顾四周，好些人都在低头把玩手机，面前座位上的大哥甚至在耐心地诵读手机上的诗句，教坐在他腿上的男孩儿背唐诗……

车上的所有人虽看起来有些疲惫，但都不像什么坏人，那些糟糕的言语安放到他们任何人的身上，我都会觉得画风不对。可是，说不准他们中的某个就是躲藏在互联网背后的那个网络喷子。

如此想想，这个世界得有多可怕？

他们看起来对人很好，但情感是淡漠的，缺乏热情，并且总是伴随着孤独，就像是活在一个孤岛上……

也许这就是大多数人的真实写照，他们掩藏了内心的那份冷漠与恶毒，将自己装扮成了一个好人。而互联网这个平台却可以让他们释放天性，做回那个最为真实的自我，如此便有了网络喷子。

但其实，那个喷子也很可能是你我，很可能是任何一个人。两个人对于同一件事情的定义不同或者是两个人所处的立场不同，诸多因素都会使两人对同一件事情的看法产生分歧。

我试图用换位思考的方式来理解他们，也许是穷游的毒鸡汤荼毒，也许是自我无法实现便对他人产生怀疑的疑心病使然，总之，他们有各种理由编造出一个“声名狼藉”的我。

想起很久以前认识的一个朋友A，她长得娇小可爱，眼睛特别有神，并且留了一头顺滑又乌黑的齐腰长发，用皮筋随意地扎在脑后。在那个流行杀马特发型的年代，这打扮绝对是女神级别的人物，最关键是她说话还特别温柔，尤其是在我这种大嗓门的对比之下。

可某天我的朋友B却告诉我，A前几日和别的班的一个女生骂架了，骂得那叫一个凶。我说不可能啊，她连说话声音都不大。B只是略含深意地笑了笑。

几天之后，在一起补课的路上，我们又遇到了前几天和A互骂的女生，两人一不顺眼又骂了起来。第一次听见A那么大声地讲话，而且还是脏话，当时的惊讶如今都还能回想起来。同行的D悄悄地告诉我，这才是A真实的样子，她在以前的学校经常这样……

那件事情距今有快十多年了，我竟然还能够依稀回想出当时的细节，可见它对我的影响有多不一般。

“人不可貌相”五个字，至此算是透彻地理解了。

我后来有在想，那个在我们面前乖巧听话，说话小声细语的A到底是装出来的还是怎样？长大后才慢慢想通这其中的奥秘。

其实，我们大家都不过是演员，辛苦地扮演着各种角色。懂事的孩子，乖巧的学生，善解人意的爱人，热情善良的朋友。而我们心中那份戾气又该何地“放矢”？优秀的演员将那戾气一直藏在心里，或者释放在无人的夜色中；而有些人，或许只能在无所谓的陌生人身上释放“毒气”，如此想来，他们不过只是劣质的演员，未能演好“好人”的角色罢了。

生活中总会发生一些莫名其妙的事情，比如“莫名其妙地挨骂”。

其实我发现，这样恶毒的语言大多数发生在陌生人之间，正因为彼此不熟悉，所以一方才可以肆无忌惮地口无遮拦，这是几千年遗留下来的，只属于我们的面子文化；如果两个人足够熟悉，即使内心想把对方一枪毙了，也很少有撕破脸皮的情况发生。另一点发现就是，几乎所有人都希望别人喜欢自己，夸奖自己，没人喜欢听不好的话语。

仔细回想，“被骂”的这种事情已经不是第一次发生在我的身上了，混迹在网络上的人难免都会遇到和我相同的遭遇，说不生气肯定是假，就连内心强大的明星也未能免俗。

我们应该怼回去还是该自己委屈？

其实我觉得都没必要，在网络上被骂的这种事，也不一定是坏事。相反的，要恭喜你，说不定你快红了。

喷子没经过大脑的一番言论，你又何必偏要经过大脑过滤？

不如，我们权当他在你面前放了个毒气，臭一会儿并不会影响空气。

你看，你还是那个你。

请远离
低智商的善良

“善良”是中华民族的优良传统美德之一，从小我们便被父母教育，做人一定要善良。

但所有的善良都值得褒奖吗？

不一定。

“低智商的善良”就绝对不可以。

看《请回答1988》的时候，女主德善的父亲成冬日就是这种“低智商善良”的典型代表，自家举债、穷困潦倒的情况下，却经常买一些无用的东西回家，理由是卖东西的那些人看起来很可怜……

可分明他女儿的那双旧运动鞋整整穿了三年都舍不得扔掉，他儿子被别人嘲笑地喊成“半地下室”（他家住在半地下室中）。

故事来源于生活，这其实就是生活中小人物的典型写照，生活中往往总是有这样一类人，对家人异常吝惜，可对外人却格外的大方，看似善良，实则愚蠢至极。

这样的善良根本不叫善良，而是没有拎清自己的能力。

这不得不让我联想起自家老爹，他简直就是生活中的真实模板。

在我很小的时候，他那时还在工厂工作，有一大帮看似关系好的工友，我妈当时也有工作，每日早出晚归，基本见不到面。

轮休的日子他总是盛情邀请那些工友到家里胡吃海喝，那些人简直如同强盗一般，从来都是空手而来满载而归，将家里能吃的东西洗劫一空，野蛮得如同古时的强盗。我的形容词也许夸张，但在仅剩不多的童年记忆中还是留有了些许难以磨灭的阴影。

那时我家的院子很大，栽种了很多种类的果树，秋天时硕果累累，可那群人来了之后，就像七级大风之后又下了半小时的暴雨一般，满地只有落叶泥泞与狼藉，那种惨败状刻在我童年的幼小心灵上至今都无法忘却与释怀。

这种“低智商善良”的人总是对那些无关紧要的人过分地友好、大方，却忽略了身边亲人的感受，拎不清事物的轻重，也伤害了亲近之人的心。

不知道第几次看到这样的新闻，“老夫妻听信偏方食蟾蜍治病双双中毒妻身亡”。

和老人有过相处的人肯定也有过一样的苦恼，我就因此被我奶奶逼迫去喝什么生鸡蛋，还有用一种植物的药水泡脚，诸如此类的云云。小时候不懂科学，基本照做，长大后便总是据理力争，可她老人家就像被传销组织洗脑了一般，十头牛都拉不回来她那脑筋，她还会委屈地责怪你不懂她的好意。

那些和老年人说偏方的人，就和上门给老年人推荐保健药的人一样，也许本意出自善良，却绝对不算做了好事儿。

前几天看了个新闻，说小区里有个小孩儿拿尖锐的物品四处划东西，一车主眼看着他就要划向自己的车子便出言制止，这时候孩子的妈妈出现了，非但没有制止自家孩子的行为，反倒和那位车主据理力争起来，满嘴嚷嚷着："你这么大一人了，干吗和一个孩子计较……"

看到这家长的嘴脸，终于知道这孩子像谁了。

生活中这样的人超多，比如："你家那么有钱，他家有困难你们怎么不多帮帮……（钱难道是大风刮来的吗？）""你一个大男人和女人吵什么架。（那女人不仅欠骂还欠揍啊！）"

这种低智商善良有个专属名词：道德绑架。

只能应了那句话："可怜之人必有可恨之处。"

郭德纲之前有过一个关于"人性"的采访，里面说了这样一句话，"我其实挺厌恶那种就是，不明白任何情况就劝你一定要大度的人，这种人你要离他远一点，因为雷劈他的时候也会连累到你。"

就拿王宝强的事情举例，当时很多大号一概指责说他的做法不够爷们，再怎么说也是夫妻一场……

天哪，哪个男人被戴绿帽子了，还可以笑呵呵地祝福对方？

我忘记之前在哪本书上看过这样一个故事，或者是一个刑事案件实录。父母之命媒妁之言，那个女人嫁给了邻村的一个男人，结婚之后她才发觉男人有虐待倾向，可她已经怀了他的孩子。

怀孕的时候男人变好了一些，可在孩子刚降生不久他便又开始肆无忌惮地虐待起她来，女人实在忍不住，抱着襁褓中的孩子回了娘家，可娘家人不但没有为她做主，反倒将她拒之门外，说嫁出去的孩子就是泼出去的水，让她赶紧回去，毕竟那是孩子的父亲，为了孩子有个完整的家她必须得回去。而且她一个已婚女还带个孩子，这样回了娘家以后谁还敢娶她？

总之就是一句话，她必须得回去，回去找那个虐待狂的丈夫。

再后来，那个男人性侵了自己的亲闺女，某天夜里，女人带着恨意，把他杀了，甚至将他的尸体剁成了肉酱以解心头之恨……

女子被捕入狱，只留下一个满身心创伤又有些痴痴呆呆的小女孩儿独活，可悲可叹……

酿成这场灾祸的罪魁祸首，那对善良到无知的父母根本脱不了干系……

善良有很多种，但并非都是好的。

真正的善良，该是设身处地为他人考虑，真的可以为他人带来切实的好处，而不是以自己短浅的、无知的、自认为是对他人好的思想绑架对方，进行毫无意义的怜悯与施舍。

而低智商的善良，也许起点出于好意，但结果却不尽人意，帮倒忙的善意等同于作恶。

所以，我情愿你冷漠，也不要你会错了善意。

千万别做 双标青年

学妹在朋友圈发了张挂彩的照片。

我问她怎么了？

她说前几天和人打了一架。

学妹今年刚刚上大一，住校，寝室一共四个人，两个本地人，她和另外一人是外地的，周末的时候寝室常常只剩她和另外那个外地的。

难得周末的清闲时光，本该是件高兴的事情，可学妹却高兴不上来，因为她那个室友每到周末都要去做兼职，常常半夜归来，一早离开。

最让学妹恼火的事情是，即使学妹睡着了，那个室友回来的时候也会将寝室的灯全部大开，然后洗脸泡脚弄得叮当响，全然不考虑学妹的感受。一早她离开的时候也是如此。

刚刚开学不久，同学之间还不是很熟，学妹虽眉眼中表现出了不耐烦，但还是忍住了抱怨，就这样坚持了三个多月。慢慢熟悉之后，学妹试图用半开玩笑的语气提醒对方这样做会打扰到自己。

对方尴尬地笑笑算是回应了学妹。

这事过去没多久，也是一个周末，那晚学妹的室友很早便回到了寝室，学妹问她怎么不用去做兼职？对方态度很不友善地回道：“不干了，这不都打扰你休息了，我还怎么好意思做了。”

学妹顿时有些懵，不知道该如何回应对方。

学妹那位室友不去兼职之后，周末便基本窝在寝室里，有天晚上学妹和同学一起看了电影，回寝室的时候八点半左右，不算很晚，进屋的时候随手开了灯，结果吵醒了那位睡着的室友，对方立马发了火，很酸的语气怼了学妹：“别人睡觉的时候不知道注意一下啊？”

学妹脾气也火爆，直接怼了回去：“你什么意思啊？”

就这么屁大点的小事，两个看起来都挺娇小的女生就真的动手打了一架。

这事说小也小，说大也大。

上学的时候，尤其是住寝室的时候，这样的情况最常见。大家的生活习惯不同，总需要磨合与互相包容，但也总有一两个不合群的人，做任何的事情只以自己的喜好为标准，她睡了，别人就得跟着闭嘴关灯；她醒了，别人就得陪着清醒。

学妹的处理方式就是与其干上一架，然后再找寝室阿姨更换了宿舍。这样的做法不算高明，但总算是远离了“地雷区”。

看上去虽是件小事，但实则是件非常普遍的大事。

前一阶段去西安玩，到我大学同学的宿舍里蹭住了几天，她在那边念研究生。她的室友是一名实打实的大学霸，早出晚归，成天泡在图书馆里，和学妹的那个室友一样，她也不太在乎同寝室人的感受。我的朋友性子慢，没啥脾气，再者就是长大了，也懒得因为这样的事情和室友伤了和气，久而久之，有了另外的“报复”手段。两人最终达成了一个不成文的“共识”，互相影响，互相伤害。

大家彼此彼此，面子上倒也相安无事。

你看，成长并不意味着成熟，相比学妹的做法，这位学姐的做法并未升级也不高明，唯一意味着成熟的标志便是岁月培养了更多的忍耐力。

针对双标的人，要么狠要么忍，结果却都不尽人意，追究起责任来，就在于那个发起“双标”的人。

这种人太过自我，太过利己主义，有时也许并非出于恶意，只是在做事的时候少了为他人的考虑。这个人很可能就是你我，你还别不信哦！想象一下等公交车时的情景，如果你站在公交车的外面，即使车子已经装满了，你也希望里面的人可以挤一挤，给你让出个位置来。反过来，如果此时你是公交车里的人，你是不是就希望车子赶紧关门，免得车内拥挤？

出于自身考虑的“双标”思想，再善良的你也很可能无法免俗。

还有另一种“双标”青年。

周末坐406路公交车的时候，便遇到了这位双标小姐。

车子一个急转，到了理工大学站，上来一位老者，脚步蹒跚走得踉踉跄跄，不过身姿依然挺拔，有一米八几的个头，脸上布满了老年斑以及白癜风所引起的皮肤脱落，头发已经半白，目测年龄在80岁以上。

他停在了双标小姐的面前，车子微微晃动，他的身子便也随着晃动，站得让看者胆战心惊。双标小姐抬眼看了他一下，迅速地撤回了目光。

没有，她没有丝毫给老人让座的意思。

还好，没过几站老人便下车了。就在同一时间，前门又上来了一家四口，父母带着两个孩子。这一次双标小姐毫不犹豫地便站了起来，笑着把座位让给了其中一个孩子，孩子心安理得地坐下，似乎觉得这就是理所应当的事情……

很久之前我发起过一次投票，投票的内容是：如果你的孩子和你的妈妈一起掉进水里，你要先救谁？

有个回答我至今记忆深刻，他说：回答这个问题我觉得很沉重，本来我应该毫不犹豫地选择我妈的，可是当我真的有了孩子，真的为人父母，才发现孩子已经成了我生命里排在第一位的那个……

不止他，同作为身处人情大国的我们而言，老人与孩子之间，这碗水永远都无法端平。我们换个思路来看，如果掉进水里的是别人的妈妈以及别人家的孩子，那么这一次你又会如何选择？

也许，多数人会选择救那个孩子吧，毕竟他未来的人生还很长。

想通的那一刻，我突然无法再对双标小姐表示埋怨，想起了很多年前看到的某个电视剧，里面有这样一个情节，一个女人对另一个女人说，你家孩子已经有那么多新衣服了，有那钱你给你妈买件新的啊，她那裤子都补几次了！

女人依然专心挑着小孩的衣服，漫不经心地答，她那么大岁数了，买新的她都没机会穿，干吗浪费那钱……

这只是生活中很小的一个缩影，但或许却是社会众生相。

其实，父母们也曾是别人捧于手心的孩子，只是后来他们的父母老了或者是不在了，他们又有了自己的孩子，所以不得不收起软弱与不成熟。后来的后来，当初被溺爱的我们也要为人父母，丢了软肋，披了铠甲。

如若儿女孝顺，这段无畏付出也许值得；如若碰巧他们不懂得那些用心良苦，只不过是给年老徒增了一丝凄凉罢了。

人类的情感本身就有失理智，所以在不同人的对待问题上便难免偏颇。

所以你看，我们其实可以给自己的“双标”找无数个借口。

女人打扮得帅气被夸赞为“酷”，男人打扮得秀气被称为“娘”。男人找很多女人，是有本事的象征；女人找很多男人，是“不正经”的表现。

生活中这样的例子比比皆是。当我们成为“双标青年”眼中被双标的对象的同时，我们也在用同样的“双标”眼光看待着别人，这个时候，我们不妨试着反省一下自己。

所谓的“彼此彼此”嘛，没有“彼”，何来的“此”呢？

所以，千万别做双标青年，多一份谅解便会多一份包容。结局是怎样，其实完完全全在于你的选择。

逐梦之路
也许注定孤独

六月份，在创业创新峰会上偶遇了这样一位老人，第一眼他便吸引了我的注意力。

没错，就是一位老人。他叫作包启，今年82岁，为什么我会记得这么清楚？说起这个老头还真有点意思。

他在会场中步履蹒跚地走着，手中举着一个自制的牌子，上面用马克笔写了大大的三个字“永动机”。

“永动机”三个字对于我们而言或许很陌生，但不久之前我看了芒果TV的自制剧《女生日记之做决定事务所》，其中的一集便是有关“永动机”的（第12集）。这一集的内容围绕一个将毕生都用在研究永动机的老教授与一名年轻的博士来讲述，最后年轻的博士，输了，事实证明永动机是真实存在的。

但是，鉴于该网剧第一集便讲女主是外星人的后裔这一点来看，它里面内容的真实可信度也并不高。

所以活动结束回家后的第一件事就是打开电脑，在百度搜索栏里打出了“永动机”三个字。

“永动机是一类所谓不需外界输入能源、能量或在仅有一个热源的条件下便能够不断运动并且对外做功的机械。不消耗能量而能永远对外做功的机器，它违反了能量守恒定律，故称为‘第一类永动机’。在没有温度差的情况下，从自然界中的海水或空气中不断吸取热量而使之连续地转变为机械能的机器，它违反了热力学第二定律，故称为‘第二类永动机’。这两类永动机是违反当前客观科学规律的概念，是不能够被制造出来的。”

以上是百度给出的解释，一句话来讲：永动机是不可能存在的。

故事回到创新创业峰会的活动现场，出于好奇，我和这位叫作包启的老人聊了一会，我问他：“永动机是真实存在的吗？”

他毫无迟疑地回答我：“有的，它完全可以一直存在下去，并且无须任何外界动力。”

那一瞬间我仿佛在现实生活中看到了电视机上的那个落寂的老教授，这种为了科学而达到癫狂的状态大概不是我们常人所能理解的吧。

但即使不够理解，依然对他钦佩不已。

我记得小学的时候学过一篇课文，叫作《两个铁球同时落地》，文章讲述了伽利略敢于推翻真理、挑战权威，对人人信奉的哲学家亚里士多德所谓的真理产生了怀疑，经过反复试验求证后，在人们的讽刺猜疑中走上比萨斜塔，用实验证实了真理，重的物体和轻的物体其实是同时落地的。

我坚信，真理永远不会是绝对的，科学也将有被证明不科学的那一天。但在这一天到来之前，逐梦之路注定孤独。

你相信鬼魂的存在吗？这个世界上有鬼吗？我问过很多人这个问题。

很久之前在我身上发生过一件邪乎的事情，我在睡梦中莫名其妙地醒来，床头竟然坐了个“人”，我以为自己做了梦，使劲地闭眼再睁开，“他”却还在。

那一瞬间我的头脑异常的清醒，整个人甚至因为惊恐而瞬间惊出了冷汗。身子像是被人钳制住了一般，根本动弹不得，因为害怕只得紧紧地闭着眼睛，后来感觉身体恢复了知觉才缓缓地睁开眼睛，“他”不见了。

科学上，把我经历的这一现象叫作“梦魇”。

第二天我给我爸打电话说明这件事情，他的第一个反应就是哈哈大笑，他竟嘲笑我说：“你一个受过高等教育的大学生，怎么还会相信这些东西？”

所以后来我写了《一只鬼的故事》，把撞见的那只“鬼”改写成了一个温情又寂寞的“透明人”，然后这才自欺欺人地不再害怕黑夜，明显这只是一种心理暗示法。

但很幸运，它很奏效。

网络资料上关于鬼的解释如下：

“鬼是不存在的，至少人们以前想象中的‘鬼’是不存在的。人们总是在说人分为肉体和灵魂，而鬼一般又称为‘鬼魂’，即只是人的灵魂，又多为依附于肉体之上的，肉体的死亡，也就昭示着灵魂的附带死亡，或是思维的死亡。人的明示思维（如语言、行为等）是有方式保存下来的，而暗示思维，是无法保存的，也就确定了‘鬼’是不存在的。”

为此我还特地在读者群中发起了投票——“你认为世界上有鬼吗？”

投票的结果显示，认为有鬼的一方与认为无鬼的一方趋于持平状态。

所以，你看啊，真理并不绝对，起码在我们的心中它不绝对。

你知道李莫愁吗？

就是金庸笔下那个为情所困的女子，她那一生做过最错误的一件事或许就是爱错了一个人，执念于心，不忘亦不能自我原谅，所以积恨成魔，杀人成性。

但是我们却深深地记住了她，理解她并且同情她。

甚至可以原谅她……

所以，你看啊，人们看待善恶的时候也不绝对！

讲述了三件事情，看似毫无关联的三件事情，你知道我究竟想讲什么吗？

其实就是一点，这个世界不是绝对的。

真理如此，科学如此，良知如此，人性亦如此。

那个老人的出现让我思考了良久。

他在拥挤的会场中步履蹒跚地走着，身旁是匆匆的路人，没人为他所驻足，有的也只是嘲笑或者观赏。

年过八十的老人，穿了正式的西服，为了多些底气，每走一步路时，都会故意挺直腰板。

可他还是慢慢地、慢慢地淹没在了人群中间。

和这个世界相比，我们总是无比的渺小，更何况是那些特立独行的人？

励志打破真理的老科学家也好，心里住着女人的男人也好，当你的行为不被大多数人理解的时候，逐梦之路注定是孤独的。

但是，不要因此气馁，当整个世界都将你抛弃的时候，你却依然坚持做着自己，这才是梦想真正的意义。

男人的肩膀上究竟有什么

我今天碰到了一位特别的推销员，他站在光影斑驳的树阴里，我经过他摊位的时候，他不紧不慢地说起了广告词："要不要来杯酸奶，解暑降温？"

我侧头，正好望到他的肚子，联想起肯德基爷爷，忍不住轻笑，缺少兴趣匆匆离开。

在我回身的瞬间，他依然语气不卑不亢地说了几个字："打扰了。"

很暖心。

他是迄今为止，我见过最为印象深刻的推销员。推销时没有刻意的热情，被冷落了也能绅士地表达感谢。

这大抵就是所谓的绅士风度。

而现实生活就是，很多男士缺少这样的绅士风度。

我从小就生活在男女比例相对失调的环境中，或许我的说法太过偏激，但是忧伤的历史告诫我们，女生堆混大的男孩儿真的会变得越加细腻，而女孩儿则会相对"汉子化"一些，比如我。

这种文理分科造成了严重的性格"变异"，就这两年教育局才开始取消文理分科，我的心情很复杂，为未能赶上这个好政策而深深地忧伤。

我不知道你是怎么定义“绅士”这个词的？

一个朋友告诉我说，她觉得那个追求她的男孩儿很好，很绅士，因为走路回家的时候他会自动移到靠近路边的那侧走，因为这个小细节，她被感动了。

身边其实不乏这样的男性，我不晓得他们是出于保护女性的主观意识，还是单纯为了讨好这个女生才特地注重这样的细节。

我不是男生，我不去猜测。

但是我所理解的绅士风度绝对不仅仅限于此。

有次坐公交车，那站上来了一个带着孩子的爸爸，我像往常一样起身让座，那个爸爸拒绝了，说下一站就到了。

在我退回身准备重新坐下的时候，一个男子抢先了一步，两人均是欲坐下的姿势，彼此尴尬地僵硬在那里。他竟好意思张口问我：“你还要坐吗？”我只好说：“那你坐吧！”他便真的不客气地坐下了。

我有点小后悔，当时为什么顺口就回答了呢？如果我说：“我坐。”那他又该如何收场？

我想，也许因为我是个陌生人，或许在对待他妻子或者女友的时候，他能够懂得谦让与尊重。

另一次也是在公交车上，这一次我只是个旁观者。

那个女人气势汹汹地挤过人群，直奔着我的方向而来，她当时的表情看起来蛮吓人的，走到我面前的时候停了下来，接下来对着我邻座的男子张口数落道：“你有座位为什么不叫我？”

我悄悄地打量着那对对视中的男女，那个男人很平静地坐在座位上没动，张口解释：“我以为你在前面找到座位了。”

那个女人特别气愤地将视线转移到窗外，气氛一时有些尴尬。至此，那个男人依然没有站起来给其让座的意思。

车子一个耸动，女人身子一下子不稳，向前倾去。

男人这时候才梦中惊醒般地站起身来，殷切到虚伪地说：“来，你坐你坐。”

女人坐到座位上后，瞪着眼睛看向那个男人，又问了一次：“你找到座位了为什么不第一时间叫我？”她的声音带着些许的颤抖，也许是委屈，感觉她快哭出声了。

我到站了，离开了那个座位，下车之前我又看了眼那对情侣，女人坐到了我刚刚的位置上，男人坐在一旁安慰着她什么。

男人总是不懂，女人为什么总是喜欢在这样的小细节计较？

女人天生敏感又细腻，她在乎的难道真的是那个座位吗？根本不是，她在乎的只是这个男人对自己的照顾与爱护程度而已。

约会宝典上说，点餐可以看出一个男人的素养，也能体现一个男人的绅士程度，还能看出一个人的教养如何。同样地，吃饭时的细节更能彻底地了解一个人。

或许是写文习惯导致，我特别喜欢观察别人，所以才会发现这些不常被注意到的小细节。

有次聚会，隔壁的男生吃饭就有个特别不好的细节，每上一道菜，他不论喜欢与否，定要夹到碗中，本来没什么，反正都是吃嘛，可散桌的时候才发现，他的碗里全是咬了一口便吐下的食物，有的甚至动都未动。

到底什么样的男人才可以被称为“绅士”？

电视剧里给女主开车门的那个？还是冷天帮女士披衣服的那个？

抑或是酒桌上帮女子挡酒的那个？

绅士，一定该是有外在，重内在；表里如一，人人平等对待。

也一定该是有思想，有内涵，大脑控制行动，礼让、谦和、有担当。

还记得几年前，我带我小弟一起回老家，两人的行李都他一个人背着，虽然明明我才是姐姐，而那时的他只不过是个十三四岁个头都没长起来的毛孩子。

他说了句话，至今想想都觉得满满的骄傲与感动，他说："因为我力气大，所以责任大。"虽然很久之后我才知道那是他从《蜘蛛侠》里学来的台词。

黄景瑜也说了同样的话，他说："男人的肩膀不是用来穿衣服的，而是用来扛责任的。"

我终于理解，为什么越优秀的男士，喜欢他的人越多，大抵是因为他们身上的绅士风度，他们懂得如何尊重女性，不只是出于某种取悦的目的，而恰恰是出于身为男人的责任。

所谓偏见，不过是你自己不够优秀

如果我问："王思聪创业为什么可以成功？"

我想绝大多数人会回答我说："因为他是王健林的儿子。"

偏见，在我们心中似乎早已根深蒂固。

仍记得2016年奥运会那会儿，当时最值得关注的一条新闻莫过于"孙杨痛失金牌事件"，对于媒体用"痛失"二字的措辞暂且不谈，毕竟我觉得能站在奥运会会场上就是一件神圣又骄傲的事情，且能容他们妄下断言。

夺冠的霍顿公开表示，自己不过是赢了一名兴奋剂选手，暗指孙杨曾经"因药禁赛事件"，但实际情况大家都知道，他服用的不过是调整心脏的药品，兴奋剂之说并不成立。

在新闻的评论里看到这样一条："虽然24岁的孙杨输给了20岁的霍顿，但20岁的霍顿绝对赢不了20岁的孙杨。"

2012年，第三十届伦敦奥运会上，孙杨以3分40秒14夺得400米自由泳金牌，当时他也20岁，该成绩至今依然作为奥运会纪录被保持着。

而霍顿是以3分41秒55的成绩获得冠军，未能打破孙杨20岁时创下的成绩，显然上面的言论是有迹可循的。

任何一场战争，任何一场比赛，胜负都很正常，我们为孙杨感到骄傲，同时也祝福夺冠的霍顿。所谓的运动精神，大抵应该是赛场上我们是可敬的“对手”，互不相让，凭实力获胜；赛后我们是互敬“对手”，可以微笑招呼，更应该彼此尊重。

这一次，孙杨虽然在泳池里输给了霍顿，但在泳池外却赢了涵养与风度。单凭这点，霍顿输了。

不久前在工作的账号上发表了一篇文章，名字叫作《这个学生，凭什么在美国两个月众筹百万？》，别以为是标题党，也没做任何夸张描述，毕竟太过熟悉被采访者，倒是评论里的某条引起了大家的注意。

他说：“富二代比较关键吧！”

90后，年轻，学生，众筹百万，这些看似可以组成“青年才俊”四个字的关键词，到了他的眼里，竟被“富二代”三个字轻描淡写地带过了。

有点愤怒，想为那几个没日没夜一门心思创业的小孩儿喊冤，7×24连轴转的努力身影，他们看不到；夜不归宿，一米八几的个头挤在办公室仅有一米五长的沙发上睡觉的姿势，他们也想不到。就因为他们过早的成功，所以便被贴上了不符事实的标签，这样的言论其实极其不负责任。

但转念一想，其实评论那人的思维倒也很“中国式”。

这时候我劝劝你应该去做两件事儿，一是去看看李彦宏、史玉柱他们的励志故事；二呢，就是该静下来好好学习，努力奋斗了！这种认知出现的最大可能就在于你自己不够努力，更不够优秀。

生活中，这样的偏见比比皆是：公司招聘了一位年轻的领导，大家一定会认为，这人肯定就一空降兵，靠关系进来的；一个丑男娶了一位漂亮的妻子，大家表面恭喜，内心却在叫嚣，还不是就看上了你那两个臭钱；一个刚被领导表扬完的同事主动过来教刚刚被点名批评的你，你觉得她是在向你炫耀……

我说亲啊，咱能不能别这么玻璃心？

你不知道的是，那位年轻领导每天都会做工作规划以及工作总结，晚上还会上夜校攻读MBA，几年前她也和你一样是公司里一名微不足道的小小职员，只不过你在聊八卦的时候她在努力，你在逛淘宝的时候她在努力，你在看欧巴的时候，她也在努力。

你不知道的是，几年前，美女被甩的那天更倒霉地碰上了抢劫，是那个丑男出手相救，追了两条街才把她的皮包给追了回来，被歹徒刺了一刀，留下一个永远都去不掉的刀疤。女孩儿出于感激，每天都会去医院照顾他，一来二去，两人产生了感情。

你不知道，那个被表扬的同事真心想帮帮你，毕竟你们是同期进组的，她其实蛮喜欢你，所以愿意倾囊相助。

生活中，这样的故事比比皆是。

贝斯黑莱姆在《偏见心理学》中这样解读“偏见”二字：“人们对任何一个事物都持有观点和信念，而这种观点和信念缺乏适当的检验，或者与这些检验相悖，或者与逻辑推理得到的结论相悖，或者不符合客观实际。这种观点和信念之所以被人当成事实，是因为人们信奉它。有时它就像真理一样在起作用。”

在人们的臆想当中，理所当然地把希望的事实当成了事实，从而否定别人的努力与实力，是不是因此才能获得安慰与快感？

所谓的偏见，其实说白了就是自身不够优秀。

打铁还需自身硬。

如果寻梦的道路上，可以少一点套路与偏见，多一些扎实与努力，或许自己便可以证明自己。

当然，努力也不一定成功，但是不努力是一定不会成功的。

第五章

你连世界都没有观过，哪来的世界观？

生活在于经历，而不在于平米

说来惭愧，我19岁的时候才人生第一次坐火车，旅行之前，我甚至连辽宁省都没走出过。

大学所在的城市大连也是一座旅游城市，上学的时候常常会邀三五好友四处游玩，那种新奇与洒脱感好像打开了一扇花花世界的大门，突然好想看看外面更加广阔的世界，就这样旅行的梦想悄悄在心里埋下了种子。但又自知父母赚钱不易，又怎么舍得花他们的辛苦钱来满足自我私欲？这事儿就被暂且搁置了下来。

我是典型的射手座，现实原因束缚，导致我一直做着朋友家人眼中的乖乖女，可实则心里却住着一个勇敢又向往自由的小人。小学的时候迷恋四驱车，每天的五毛零花钱我就不花攒下，凑足一个月买了睽违许久的那款车型；高中利用午休去餐馆打工，攒下的钱交了考驾照的学费。而彼时，我恰巧接触到了网络文学，开始在互联网上写小说，大四那年，终于赚足了五位数的稿费，兜里一有钱便想“搞”点事情，旅行似乎就这么顺理成章地开始了。

如今已去过黑、吉、辽、陕、冀、浙、川、滇、豫九个省十多个城市以及北上渝三个直辖市。从最北的漠河到南端的昆明，横跨一整个祖国的距离，只为遇见更好的自己。

为什么旅行的首站会定在北京？一是离家还算近；二来室友三个月前去了那边实习，到时候可以蹭个床住，比较划算；三来听说那边有同学，父母比较放心，而且那时我也没有独自旅行的勇气。于是，我兴奋地买了车票。2014年2月13日，在去往北京的火车上迎来了属于我自己的“情人节”，那一晚，在晃荡的火车上我竟然睡得格外香甜。

说实话，那是一次很糟糕的旅行，灰蒙蒙的天气，发炎的喉咙，还有走了不少的弯路，室友平时的活动范围仅限宿舍与公司，对北京的了解还不如我这个临时看了两篇游记的人，所以我就反客为主自作主张地带她各处去玩，那场景像极了我们上学那会儿。临行前一天晚上，我们去五棵松体育馆附近看了场午夜电影，当时上映的是《北京爱情故事》，我至今依然记得很清楚。电影结束的时候叫了很久的出租车，好不容易停下一辆却被两个穿着恨天高的女生抢了先，操着京片子对我们指手画脚，我听懂了，她说那是她们叫的车，这些没什么，有什么的是她跨步上车时的那句小声嘟囔，她说：“滚，乡巴佬。”

初次旅行便向我展现了来自于陌生城市的深深敌意，那一刻我打定主意，再也不要去北京。

真正一个人的旅行发生在三个月以后。五月，春暖花开，绿意盎然，我坐上了南下的火车，这次的目的地是河北省的秦皇岛，离家也不算远，但却是独行。旅行之前我和家里撒了谎，谎称和秦皇岛的朋友一起回去，然后对方带着我玩，母亲信以为真，这才放行。上火车的时候我给家里打了通电话，妈妈让同行的朋友接电话，不得已只好说了实情。

就这样，在我自作聪明的小套路里匆匆地开始了一个人的旅行。在不久的毕业旅行上，我又故技重施，又一次欺骗了父母。

那是异常闷热的六月，第一次坐飞机的我站在机场大厅里兴奋地向外张望，第一次离家超过了1000公里，第一次呼吸到专属于南方的空气，那种激动之情直至今日都不曾忘记，我给老爸打电话，声音拔高，有无法掩饰的兴奋，我问他，“你猜我现在在哪里？”

彼时只顾着自己兴奋，从未考虑过父母的感受，根本无法体会妈妈口中那句“你出门在外，我和你爸整宿都睡不好觉”意味着什么？我像从笼中放出的小鸟，以为长了翅膀，就可以展翅翱翔，父母拙见，根本就是瞎担心。

可三年后的今天，我无法再说出同样的语言。

今年三月，我又一次去了杭州，父母已不再像三年前那样，每隔半天便电话查次岗，有一天甚至一通电话都没有。原本以为小溪同志的努力终于迎来了阶段性胜利，可后来才知道，其实那天妈妈病了，住进了医院……

很多人熟悉我都是因为简书上那篇《17天女生独行，如何用4000元横跨南北三省四个城市？》，当时微博、微信上很多大号在转，但难过的是我收到的骂声多于掌声，我一个专业单身26年的姑娘莫名就成了众人口中不知检点的××婊！我觉得很可笑，是，我的确是穷游，但旅行清单写得清清楚楚，而且既不搭便车，又不吃白食，清清白白自己赚钱自己旅行，怎么会得到这样的评价呢？

很多人不知道，那次旅行之前，我已经失业了两个多月，兜里的钱越花越少，旅行的机票几个月前就买好的，肯定是不能退的，只得规划着花，这才是那次旅行格外节省的真正原因。在那次旅行之前，我还做了件大事儿，坚持锻炼、跑步。北方的二月末依然寒冷刺骨，下午四点天色开始变暗，我都会在那时踏着薄冰出门，绕着大工的操场一圈又一圈地跑。虽然旅行包只有一个，却足足将近30斤，对于不足百斤的我而言，有些重了，关键是我要背着它旅行17天，跨过大半个中国，要坐两次飞机，四次火车，一个人旅行最糟糕的情况就是在中途垮掉，我不允许这样的事情发生。

不止一次地被人问及，一个人旅行你不孤独吗？一个人旅行你不害怕吗？

我有很认真地思考过这个问题，我孤独吗？害怕吗？不应该吧，毕竟即使不去旅行我也是一个人，也要面对孤独，面对黑暗，面对无数个未知与挑战，我原本这样洒脱地自以为，但实际上却不是这样。印象最深的一次，是我在重庆，青旅里未能约到临时旅伴，只得自己一个人去吃火锅，那么一大锅的东西只有我一个人吃，邻桌都是热热闹闹，只有我这里冷冷清清，正宗的重庆火锅很好吃，但很辣，不禁辣出了眼泪，那一刻才真正懂得什么叫作孤独！

2016年下半年，我开始带朋友一起旅行，依然我来策划地点、路线、预约机票、住宿，她只需带着钱跟着我走就行，一圈下来，她们惊讶地发现，旅行对于普通人的我们而言原来并不是奢侈品。

某天，我的闺蜜给我发来微信，她说：“一整天我都忍不住咧嘴想笑，想到你就要带我去旅行了，我就好开心。”那一刻我更加坚定了信念，我要让更多想却不敢的人享受到旅行的乐趣。

不知不觉，竟过去了三年，最大的长进莫过于对这个世界有了更加深刻的理解，以前喜欢看书，可那些经过文学加工过的文字远没有这个真实的世界精彩；开始学着理解那些不同；开始学着自我思考，而不是一味地被动接受；旅行规划的习惯也在影响着我的工作与生活。旅行似乎在无形中侵入了我的骨血，让我变得自信又健谈，包容又周全。

2017年，我26岁，依然做着朝九晚五的工作，每天在格子间里工作、生活，个子矮小到隐没在人群中便找不到，我就是这样再普通不过的一个人，可我却依然有着浪迹天涯的梦想，想要成为一个“自由的人”而努力奋斗着。

旅行，依然还会继续，没有终点，不问归期，毕竟生活在于经历，而不在于平米。没有旅行的日子里我也依然努力积极，世界那么大，我要去看看，但也不着急，慢慢来细细品。如果梦想还没能照亮现实，那我会用现实照亮梦想。特别喜欢的一本书《平凡的世界》里有这么一句话：“生活不能等待别人来安排，要自己去争取和奋斗，而不论其结果是喜是悲，但可以慰藉的是，你总不枉在这世界上活了一场……”

即使工资只有3000块，也要去旅行

对于一个刚毕业不久，月收入刚刚满足温饱的阶层而言，“旅行”明显是一件奢侈品，可是谁规定赚3000块的我们不可以去旅行？

没人。

有钱可以高端游，没钱咱还可以穷游嘛，起码看到的风景都是一样的。

所以其实此话题只适用于刚刚毕业、工资收入不高且无家庭额外补助的……我这类人。

不止一个人问过我这个问题：“你说你这工资，扣除房租水电费及一些必要花销，应该就没剩多少了吧，你还哪来的闲钱去旅行？”

其实事实不是我有闲钱，而是我对自己的金钱有规划，今日甘愿奉献一些日常金钱规划的方法。当然，前提讲好，它并不适用于所有人。

1.想尽一切办法赚钱，取之有道

钱是万恶之首，但是赚钱绝对是幸福之源！

职业永远不分贵贱，只要不是违法或违背良心赚来的钱，那永远可以为此感到自豪。我中学的时候就懂得利用情人节卖玫瑰花赚钱，虽然结局是惨烈的，但起码出发点是好的，赚不赚钱是一方面，起码在我很小的时候便懂得了赚钱的艰辛与不易，对金钱比同龄人更有概念，因此不会乱花钱。高中也曾在小餐馆做过兼职，每月虽然只有一百块的收入，但是却可以把父母每月给的五百块生活费积攒下来，当然攒钱不是目的，目的是为了更有意义地花出去，当时打零工七个月一共攒下3000块钱，高考之后上驾校便用这3000块钱交了报名费。

所以，先要学会攒钱，再学会花钱，把钱用到正地方。

其实早期的资本积累全靠亲戚家人给的压岁钱，后来就是零零碎碎的打零工收入，做过很多大家会看不起的工作，比如话务员，餐厅服务员，传单员……后来也做过家教，还有一些供稿的收入，这类兼职可能稍微高级一些，但无论怎样，也都是一分一分赚来的血汗钱。

2.学会花钱，用之有道

我大学的时候有个朋友，她当时的生活费父母是按月给的（我的生活费是按学期来的，从未发生过少补的事件，往往期末都会有节余，都是自我规划的好处），她有一个坏习惯，每个月生活费总会花超500元左右，所以就结下了一个她月末从我这借钱，月初还我钱，月末再借回去这样一个死循环里。

再后来月初的时候我便会让她在还完钱之后再在我这多存500元，当她有需要的时候再到我这边拿，我来帮她存放这五百块。

她的生活质量并没有因为缺少这五百块而有所下降，反倒再也没有出现过需要不停借钱还钱的循环事件。测验之后才发现，她以往常常管不住自己乱买东西的坏习惯，那五百块钱恰好就是那无用花销的费用。

有所取舍，买该买的，三思而后行。一件东西，思考三次；第一次想买不要买，第二次还想买，再慎重考虑一下；思考第三次的时候认为非买不可，那就买吧！（奉劝喜欢网购的剁手党，如果没有针对性，而只是乱逛时放入购物车的东西，一定不要马上付款，思考几次再下手。）

3.轻易不要欠“债”

这个债字，非你所理解的那个债务关系，并不是真的发生了借贷关系才叫欠债，这个债包括很多方面。比如，你常常聚会却从不请客；你喜欢收礼却从不还礼；诸如此类的。所以这个债字，应该还包含了感情债，人情债……女生不要觉得男生买单理所当然，赚得少的也不要以为赚得多的付款就是理所应当，那是对自己的贬低，也是欠下的债。这个世界，哪怕是生你养你的父母也不欠你任何东西，何况是他们?

所以，记得学会感恩，学会回报。人脉会因此积累，人格也会因此提升。从未这样积累过“债务”，也便永远不会出现面临“债务”的压力。要记得，“债”，就像滚雪球，越滚越多，积攒到一定的时候，会将人压垮。想想那些离婚后斤斤计较大打出手对簿公堂的例子，夫妻都会那般，何况是别的关系，纵使不说，分道扬镳的时候也总会落下个坏名声。

所谓“吃亏是福”，总是有一定道理的，金钱方面也一样，钱虽花了，但起码精神轻松。

4.合理规划

没办法，钱少做不了额外投资，只能合理规划。

我只在买电脑的时候用过信用卡，因为当时的钱全压在了别的上面，否则我肯定会全款去买，还完贷款之后再也没用过，自我认为现阶段不适合用信用卡。刷卡消费会让人有种不是花自己钱的错觉，很容易造成花钱冲动行为，虽然很多人告诉我信用卡可以积分，但是还款还有利息呢！我很讨厌欠钱的感觉，即使是欠银行；也很讨厌记还款的日子，虽然会有账单提醒，对于被害妄想症加强迫症患者，目前的情况还信用卡会让我身心都感到疲惫。

这种想法可能非常不九零后，但是用信用卡真的需要谨慎。同样，各种花呗、还呗等小额贷款的金融产品，一定也要考虑自己现阶段的还贷能力再使用，否则影响信用积分便得不偿失了。有一句话叫作“莫欺少年穷”，年轻时过点穷苦日子一点不算啥，你想要的东西你终将会得到，只是时间早晚的问题。因为品尝过“穷”的日子，所以富裕的时候才更加知道幸福的难能可贵，千万不要为了一时的愉快而透支以后的幸福。

于我而言，我的存款通常会存放在三个位置，有一张稿费的银行卡，每月的千八百块用于网购；工资卡一张，用于日常生活；支付宝会存有一个固定金额，用于突发状况。

无论多穷，手里一定要留一笔钱，以备不时之需，这笔钱的多少如何衡量？我认为，起码要够你两个月的生活费。

5.学会记账

很多人最大的问题就是不知道自己的钱花在了哪里，当然也就不知道自己哪笔钱花得不值得，所以就要从学会记账开始。

我现在已经不记账了，但我心里基本上都有定数。讲到这想起一篇文章，讲一对年轻的上海夫妻，记账之后决定双双辞职，在家花老本，这样一年的总花销和上一年的财政赤字相比反倒少了许多，因为不出家门节省了很多额外开支。

当然，我们并不推荐此等做法，年轻人还应该出去闯荡，去这个世界看看，因为它和你想象中的样子很不一样。

手机的记事本便可以记账，每一笔清晰入账，尽量精确，月末的时候可以按照种类进行区分，分析自己的花销分配，从而制定符合自己的金钱规划，具体操作可参考支付宝的花销扇形统计图。如果平时习惯性使用微信或支付宝进行支付，便更加方便，只需每月末的时候分析一下自己的收支明细即可。

6.健康的重要性

这点放在最后，就是因为它是重中之重。你攒多少钱，一旦得了重大疾病，一点用都没有，所以不如把风险控制在最小范围之内。

夏天的时候得了过敏症，脸部水肿，医生的诊断结果是“过敏性皮炎”，这种皮肤病相较那些内脏器官的病症而言，真的是一个非常小的一种疾病。但是呢，花了3000多块，病也没治好，如今已有半年之久，依然需要忌口，需要吃药。不提这个，就说感冒扎针，一瓶青霉素都得六十多，虽然大家可能都有医保吧，可是只要生场大病，那根本就是九牛一毛。

我大学之前体质特别差，我妈每月除了生活费之外得给我多花上不少的看病钱，现在想想真是不值。

提到健康，肯定离不开运动，现在办公室的白领们身体状况都属于亚健康状态，外加上办公室每天上演的宫心计，简直了，身心疲惫，百感交集，这时候难免会生病。

虽然运动的同时我也还是会生病，但是运动确实会让人身体强壮，抵抗病毒的能力也是不一样的，起码患病的频率会降低。

所以呢，身体乃革命的本钱，要想赚钱啊，还得有个好身体！

关于理财就说到这么多，我们言归正传，说一说“穷游”。

受很多恶意营销帖的影响，大众对“穷游”二字有太多的误解，在他们的理解中，穷游是“搭车”、“吃白食”、“出卖身体赚路费”、“不知廉耻蹭饭”等，但这些都不叫“穷游”，而该称之为“贱游”。

真正的“穷游”，是在我们的经济能力范围内，花最合理的金钱，以自己最习惯的方式，看和别人一样的风景。

“穷游”抑或者是“富游”，只是选择的方式不同而已，但最后都落地到一个“游”字上，意思也就是说，至少你“游”了，和钱多钱少没有任何的关系。

刚毕业的时候其实大家都很穷，“穷”只是这一阶段普遍存在的状态而已，外在的贫穷，并不能阻碍我们内心的充实，“行”的真正意义不仅在于向外的观察，更在于向内的反省。

所以你要知道，年轻时的一场富足内心的旅行，远比赚足了钱却没有了年轻时好奇心的旅行有意义得多！

旅行，对一个人外貌的影响有多大?

前一日终于找师傅拆了旧电脑的硬盘，买了硬盘盒子，冷落近两年的旧资料终于得见天日。在E盘的角落里发现了这些年旅行时的照片文档，打开翻看，很多遗忘的记忆就像泉涌，我看着照片又哭又笑。不过四年，没想到发生过这么多的故事，没想到发生了这么多的改变。

旅行，对一个人的外貌改变究竟会产生多大的影响?估计从我身上就能发现。旅行的四年时间，容貌以及身形变化其实并不是很大，唯一的差距在于眼神的自信以及微笑的弧度。

我之前对自己的外貌极不自信，脸型偏方的缘故，经常被人拿来开玩笑；因为长了虎牙的缘故，所以牙齿也不算整齐；而且在北方人中，个子明显太矮。种种因素导致我对自己的外貌一度否定。

现在明显好多了，倒不是变好看了，只是从骨子里接纳了自己的不完美，终于敢露牙齿地拍照，敢自信地微笑；即使被人说个子矮，也不会郁闷很久。这么看，旅行真是帮了大忙。

旅行，会让你接受自己的不完美

在E盘的视频文件夹里发现了一段特别珍贵的视频，拍摄于2010年的5月，距离高考只有一个月的时间。当时的声音和现在相比变化特别大，最关键的原因在于当时还无法分清平卷舌。

就像很多地方有方言一样，我的家乡虽然说的基本都是普通话，但却无法分清字母中的平舌与卷舌，基本上所有平舌音都会发成卷舌音，就连最简单的“彼此”二字，可能都会错发成“bi chi”，为此闹过不少笑话。不过当时因为周围的人都和我差不多，所以在大学之前，我从不认为这有什么问题。

一切都是从“咬文嚼字”开始矫正自己的发音，但直到现在偶尔还是会发错音，不过不会像以前那般恼火了，一笑而过，大不了下次再改。从北到南，其实每个城市都有自己的语言特色，又何必求得统一？有一次坐火车，对面坐了一家三口重庆人，那个小孩儿好像蛮喜欢我，但可惜我俩沟通有障碍，但他只要对我笑，我就知道这是在对我表示友好。

有些事情其实不必较真，接受自己的不完美，才会变成更好的自己。

旅行会让你变得更自信

有句话说：“你现在的气质里，藏着你走过的路，读过的书和爱过的人。”

在没旅行之前，我看了十余年的课外书，对于一个小镇姑娘，我的三观大多数来自于我所读的那些书，在书里我走过了无数个古镇，穿梭过无数个国家，不过所有一切都是相对抽象的，很多的东西只在我的想象世界之中。归根到底，我还是那个小镇姑娘，那个胆小，怯弱，内心有无限热情却羞于表达的人。

印象特深的就是大学的英语课，每次对话考试之前都会整宿地睡不好觉，准备得再充分都没有能顺利过关的自信，因为不擅长又发音不准，诸多因素导致了我对它的恐惧。现在英语依然很差，但是至少在表达上不会再露怯。

在成都的青旅遇到了一个日本大叔，我们两个英语都不是很好，最后用身体语言加上蹩脚的英语也互相聊得不错。

始终记得范湉湉在《奇葩说》里面的那句至理名言：“上啊，干吗要压抑自己的天性？”

所以其实，旅行不仅是一个人见世面的过程，也是一个让你不断成长与自信的过程，所有的不可能都是在尝试之后变成有可能。干吗要压抑自己的天性，上吧！

旅行，会让你变得更勇敢

其实我在旅行之前也蛮勇敢的，做了很多让人“意想不到”的事儿，但当时也有没能勇敢的事情，比如走夜路。

我有很严重的夜盲，为此抗拒夜晚出门。但旅行就是要求你不断地克服困难，让不可能变成有可能，战胜自己的胆小与怯弱。经历过数次的午夜航班，经历过凌晨赶乘的渔船，如今走夜路什么的根本不在话下。

在漠河的那次，更是全天没什么信号，在郑州的时候还经历过夜晚露宿街头的窘境，当所有这些以前想都不敢想的事情顺其自然地发生在了生命中的时候，战胜它的人自然变成了勇士。

当我迎接着清晨的第一缕阳光从萧山机场降落时，当我看到海上的日出时，当我在10月份便看到了雪景时，当我周旋着解决了难题时，不知不觉间我便从一个胆小鬼变成了一个勇敢的人。

从此心中便升起了一个叫作“勇敢”的小太阳，再也不惧怕黑暗。

旅行，会让你变得有见解，影响你的价值观

曾经很多文青念着海子的诗逃离北上广，跑去大理，开客栈，当流浪歌手，过着看似让人艳羡的生活。

说实话，当初去大理也曾受这样的文章蛊惑过，可到了那里才发现，现实根本就是另外的样子。洱海的环境变差不说，就说那些带着梦想与背包奔赴这里的年轻人，生活其实并不容易。城管治安越来越严格，很多摆地摊的地方被取缔，青旅的长住客月租也需千八百块，但平均工资却只有两三千块。而且那里的日子真的过得很“懒散悠闲”，清晨从中午才开始，感觉晒晒太阳一天就过去了，那些曾经羡慕的、仰慕的艺术家，脱去了神秘之后，似乎也不牛气了，甚至觉得他们有些“不务正业”。

从此以后，当别人再次鼓吹当文青有多好的时候，我只会点点头微笑不语，究竟好不好，估计只有当事人才知道，我还是继续这种边工作边旅行的状态就好。

我的旅行被称之为“穷游”，很多喷子抨击这样的穷游，没住到好的旅店，没吃到好吃的东西。没有舒适，只有奔波；没有豪华的包车，只有长久陪伴的“十一路”。这样的穷游究竟有什么意义?

其实坐在车上的人并不会注意到路边绽放的野花，而我偏偏就是那种即使只见到了野花也会欣喜上半天的人。我的生活态度，不在于有多舒适，有多豪华，而是在于我看到了什么，又亲自感受到了什么。

詹宏志在《旅行与读书》一书中写了如下一段话：“旅行里让我

留下深刻印记的经验往往发生在最无目的的时候与场所，树下小酒店的一杯沁凉白酒，迷路崎岖城区偶遇的小面包店，异国乡间等待公交车窥见的乡民日常生活景致，这些无意间得来的吉光片羽反倒成了日后反复咀嚼的旅行滋味。”

这也是我想表达的东西，去陌生的城市，感受当地人的生活。跳出地域的限制，也会迸发出新的东西来，你会有全新的眼光来看待这个世界，看待那些你曾经似懂非懂的道理。

旅行，会影响你的气质

看到这个世界的不同，内心变得更加包容；经历过旅途中的磨难，处事变得更加从容。诸多内在气质的改变过后，外在气质又怎么会不被改变？

生活永远不是数学题，并非一道题只有唯一正确的答案。我很不喜欢那种为了论证自己言论正确而反复举证的鸡汤故事。

旅行，对我而言有很大的影响，但并不能因此而代表所有人。能够改变一个人气质的东西其实有很多，读书、运动、音乐、DIY等等。说到底，生活会善待每一个积极向上的人，只要你能做个热爱生活的人，你就会成为更好的自己！不是吗？

浪迹天涯很勇敢，朝九晚五也很酷

做了游记分享的缘故，经常会有读者私信我关于旅行方面的话题，总结起来无非就两个问题：“你做什么的呀，怎么这么清闲？”“我也想出去看看世界，可总有一些不得已。”

第一个问题说明：大家普遍性地认为，朝九晚五的生活和旅行这件潇洒的事情并不搭边。

第二个问题说明：大多数人都会把想做的事情停留在前半部分，也就是想的部分上。

我不过二十几岁，自认为还未能形成健全又完整的价值观，唯一能为大家做的，只是把我的想法分享出来。下面的故事可能会有些长，概括的来说也是两点，算是对上面两个问题的回答。为什么要朝九晚五？又为什么要浪迹天涯？

1.为什么要朝九晚五?

我其实和你们一样，一点也不喜欢朝九晚五的生活，我甚至不喜欢城市的喧嚣、拥挤、车水马龙，我理想中的世界和每个文艺青年所幻想的一样，在城郊有所房子，不必很大，温馨就好。可以种花、种草，再种些瓜果梨桃；养只温顺的狗狗，一只慵懒的猫咪，所有的日子都伴着阳光，花香与书的气息。

但生活哪有那么多的诗情画意？

我尝试过那种我向往的所谓“自由”的生活，可在待业在家的那两个月里，不但没感觉到所谓的“自由”，反而丧失了一定的“自由”，这个自由不仅包括了财务自由，也包括了“人身”自由。

你肯定会疑问，为什么会这样？

因为没钱啊。

哎，钱呢，真的是个俗气的东西，可当你需要它的时候，它就会变得无比高尚。断了收入所谓的“自由”日子里，每天只顾算计着怎么省钱，不太敢出门，更不能奢望去旅行，最可怕的事情是，“与世隔绝”的日子里，写作灵感也像枯竭的泉眼一般，本就不多的兼职稿费变得更加可怜，烦躁的心情也越加无法安宁。

本是可以睡懒觉的日子，却总会莫名其妙的清醒；原本以为的自由却成了无形的压力。自我的经验来看，年轻人理想中的自由也是需要一定的实力的，或者你家境殷实，或者你心宽体胖，或者你有足够支撑自由的实力……

以上三点我都不符合，这也是我再次选择职场的根本原因。

我特别认可那句话：“越忙的时候越有时间享受生活。”

里面所提及的“时间”其实并不是宽泛意义上的时间，这里可能又涉及时间管理方面的问题了，但人有的时候就是这么奇怪，忙碌的时候才有规划，有目标，做事才更加有效率，生活似乎也充实了不少。

朝九晚五与旅行其实并不相悖，哲学里都在讲“经济基础决定上层建筑”，正因为我有了旅行的目标，工作才变得越加地有动力。

其实，你们都猜错了，我的工作并不清闲，而且每周单休；为了可以多赚些钱，私下里又接了很多约稿。很可能你们睡觉的时候我还在工作，也很可能你们吃完午饭的时候，我还未来得及吃早饭……

这么辛苦的意义在哪里？也许只是一张机票、也许是妈妈的一件崭新外套、也许是我幻想许久的某某产品全套……更关键的是，当我不为生活所迫的时候，才能够真正不带任何功利心地去写我真心喜欢的文字，去感受那真正觉得温暖的骄阳。

2.为什么要旅行?

更准确地来说，应该叫作为什么要去外面走走？

过年的时候，被人拉进了一个中学同学的微信群中，里面都是一群既熟悉又陌生的当年同窗旧友，他们聊着过去时的想当年，现在时的工资待遇，未来时的家庭孩子，眨眼间就从青涩懵懂的孩提时代转换成了俗不可耐的成人世界。感觉已不再属于同一个世界的人，便默默地退出了群聊……

退群没几天便见到了我五六年未见的发小。上一次见面的时候她的婚期还未定，再次相见的时候她却已经是个三四岁孩子的妈妈。去她家之前我紧张了好久，不知道久违的相见会是怎样一幅画面？

那是一次很愉快的相见。因为嫁到了南方的缘故，这些年她也经常奔波于好几个城市之间，眼界明显变宽了不少，她给我讲某地的饮食习惯，又讲起了哪里的小吃比较地道。最让人惊讶的是她的女儿，我一进门，她大喊一声“小姨”便扑了过来……见过世面的孩子，没有丝毫的腼腆与扭捏。自己喜欢吃的东西也愿意拿出来分享……

去外面的世界走走，见识很多不一样的人，不一样的风景。世界给予你足够美好的时候，你也会愿意以爱来回报。那些家长里短，鸡毛蒜皮，与这个世界相比根本不值得一提。

其实我们都过了快速交心的年纪，当你足够了解这个世界的时候，也许才能够真正地学会如何为这个世界，为别人留有余地与善意!

3.朝九晚五和浪迹天涯哪个更酷?

我觉得那些既能肆意畅快的玩儿，也能拼命努力地工作的人才比较酷。

大冰在《阿弥陀佛么么哒》中写道：一门心思地朝九晚五去上班，买了车买了房又如何？一门心思地辞职退学去流浪，南极到了北极又如何？真正令人佩服的人生，应该是：既可以朝九晚五，又能够浪迹天涯。

不要把旅行的梦想束之高阁，也不要认为每天的三点一线毫无意义，只愿在挥洒热血的年纪可以毫无保留的努力，这才是活着最大的意义。

来，干了这杯酒，我们一起加油!

这个世界，和你想象中不太一样

未曾旅行之前，我对书中描述的场景，电视上所呈现的画面一度深信不疑过，只不过认为别人用文字、用眼睛帮我们先讲述了一下而已。可能加了修辞、夸张、比喻等描写手法，但绝不可能与现实背道而驰。

但是，当我真正走出去之后，我才发觉，原来这个世界，和我想象中的样子不太一样。

为什么当初突然会产生要去漠河的想法呢？我想或许是因为在朋友圈里看到了漠河驯鹿的照片吧。对驯鹿的期待远远超过了期待圣诞节礼物时的欣喜，那么可爱的动物，如此令人着迷，定要亲眼去看看不可。

但是，现实却给人以狠狠地重击。

我们去的时候，整个驯鹿园里的二三十只驯鹿中，只有一只身体健全，而其余的不是被砍去了鹿角，就是被挑破了蹄筋儿，鹿茸营养价值的标牌把整个鹿园存在的真正目的毫无保留地显示出来，明着要收取游客的门票，顺带还要卖它的角，它的毛皮。

百度搜索了“驯鹿”一词，上面明确的标有“国家三级保护动物”字样，而在几乎与世隔绝的祖国最北端，人类却在用最残忍的方式明目张胆地残害它们。

它们似乎很畏惧人类，孩子轻抚它的皮毛，它都宁愿支起残疾的腿一瘸一拐地走得老远。那一侧年轻的女孩嘴里喊着：“人类真可怕”，脚上却毫不迟缓地追着那唯一一只体态健全的驯鹿，抓到它之后便幸福地笑啊，对着镜头比着剪刀手，这种幸福是建立在它的悲伤之上的。

想来人类还真是很可怕。

最近又有朋友去了漠河，照片中又出现了那只憨态可掬的驯鹿，可只有我知道，所有都是假的，那只不过是被我们人类包装之后的虚假美好而已。

可不知道那些看似美好的照片又会骗去多少游客？

在成都，我在文殊院的门口拍了一张照片。

画面中，一侧是严禁职业乞讨的警示牌，另一侧便是成排的乞讨者。有带着孩子的，有残疾的，和警示牌上描述的基本一致。暂且不说这些人到底是不是真正的乞讨者，但起码他们都很心机。

礼佛的人大概都知道，寺院的香火基本都是免费的，只不过会在佛祖造像前放上功德箱，少到几十，多到几百上千，很多人认为捐献得越多，梦想成真的概率便越大。

而他们就待在寺院的门口，也许很多人都能猜到他们是假的，但还是愿意掏兜相助，所谓在佛祖的眼皮底下“积善行德”。不知为何，突然会想到“周瑜打黄盖”，会想到“姜太公钓鱼”，大家一方面抨击着职业乞丐一方面又供养着他们的生活惰性，这个世界需要帮助的人实在太多，而职业乞讨者们却利用了人们所谓的爱心，消磨了大家的所谓信任，最让人恼火的是，他们会让那些真正需要被帮助的人深陷窘境，也让那些真想施恩于人的人辨不清真假。

信仰蒙蔽了你的双眼。

这个社会留有太多仁慈，又留有太多诟病，难以辨别真假的乞讨者们，我真愿长夜噩梦让之悔恨清醒。

文殊院和别的寺院不同，它不收门票，但是里面卖鲜花，换了一种形式经营；里面有乌龟放生池，所以门口便有人拎着成网的乌龟售卖。

你可知，连这样神圣的地方都开始商业化了？

在大理，我第一次吃斋饭。

那天大理的天气不太好，前几日同行的小伙伴一早也背着行囊回家了，几日疲乏一起涌来，起床的时候已接近中午，义工小喵说隔壁的台湾姐姐要带我们去吃免费的午饭，简单收拾了一下和她一起出了门。

福安巷离南门的直线距离其实很近，但是有些巷子都是死胡同，只能顺着人民路绕远过去，接近南门城楼的时候心里便大概猜到了餐食的地方，几日之前有朋友和我提到过慈缘斋的免费午餐一事。一来不喜素，二来听说有很多的规矩，类似于寺庙斋饭的规矩，包括不允许大声说话，衣着不可以太暴露，不可以穿拖鞋之类的，否则会被拒之门外。

之前看《爸爸去哪儿》的时候看到过类似的场面，感觉很好奇，所以还是抱着很新奇的态度去吃这顿“免费”的斋饭。

十一点半慈缘斋门口的队伍已经排到了大门口，队伍里的人很杂，有一些本地人，当然更多的都是过来旅游的人，职业身份也很多样，单凭穿着没办法完全判断。

天下没有“免费”的午餐，我认为这句话说得非常有道理。所以这顿午饭虽然“免费”，但其实并没有那么“好吃”。

不好吃并非指食物的味道，素食估计味道都这样，说实话这家提供的饭菜样式很多，还会根据不同地方人的口味，做成了辣口和正常口味，上面都有标签标注，主食类既有南方人喜欢吃的米饭也有北方人喜欢的馒头粗粮，听说这家慈缘斋做这种免费午餐已有两年之久，这样的善行能够一直坚持做下去实属不易。

听说好人会有福报的，所以真心要给他们点个赞。

可……

人生大抵有一次这样的经历就够了。

都说“拿人手短，吃人嘴软”，我明明吃了人家一顿免费午餐，再说以下言论可能太过“忘恩负义”，可真心觉得某些点让人无法理解与苟同。

“吃多少盛多少”，这是食斋饭的基本要求，餐食之后不仅需要光盘，同时还需用馒头将盘底的油与碎末沾食干净，这些在电视上都看见过，虽然接受无能，而且当时也有些反胃，但依然照做，擦盘之后还得用壶里的“惜福水”涮盘，然后将涮盘水全部饮食下去。

整顿饭下来整个人都不好了，但或许所有的斋饭都有此类要求，所以我理解。

可重点不在于这里，而在于它电视上播放的内容。

用餐时不可讲话，整个餐厅里唯一可以听到的声音便来自于那几台内容一样的电视机，上面所讲的内容让人大跌眼镜，它在潜移默化地影响用餐人的价值判断，完全属于道德绑架。

我不知道这些用词是否正确，我只将它上面的内容复述下来，公道自在人心，你们可以自己判断。

它说："人类不如畜生，甚至连魔鬼都不如。"

它说："食肉是对动物的一种残害，人类应该吃素，吃素有助于减少二氧化碳的排放！"

这都什么鬼？

名义上打着慈善免费午餐的旗号，实则却是在用极端的方式"倡导"大家食素，一个不知道研究什么学的教授在那大声地倡导着一定要食素，这样才能做回比畜生更高级的人类……

这样的经历还有很多，当你真正经历之后，你便会发现：世界并不是你想象中的样子。

如果不曾旅行，不知道会对这个世界有多少的误解。

虽然真实的世界不见得美好，但至少它展现了真实。

如果不曾旅行，不知道将用怎样狭隘的眼光看待这个世界。

虽然，某些糟糕的事情无法被原谅，但至少我们学会了如何去包容。

如果不曾旅行，世界只活在你的想象之中。

但当我们真的走出去的那一刻，世界，就在我们的脚下。

第六章

不是没他不行，只是有他更好

不是没他不行，只是有他更好

最近做了一件大事儿，把所有社交账号的签名上都加上了“待嫁中”三个字，此行为就像急于求偶的孔雀开屏了一样。

但是，实在太不矜持……

“年龄不小了，赶紧找个对象”信号一出，你我肯定心领神会，这就是“年”的味道。

今年，你有和我一样被催婚吗？起码我有。

王女士过年的时候做了一件让人哭笑不得的事情。事情是这样的：邻居家有个弟弟，恰巧和我在同一个城市，某天她突然感慨：“找对象就得找个知根知底的才靠谱。”此想法一出吓我一跳。

这不，大年初一人家来拜年的时候她就特别热情地和对方夸我，向他展示我拍的照片，说我多么懂事、多么体贴，完完全全撮合对象的口吻。

当时心里真是一万只乌鸦飞过，幸好对方不明白她的企图，要不真就尴尬了。末了还非得让彼此加了微信。

那会儿我算是明白地知道了，我妈为这事儿是真着急了。

这种莫名其妙被相亲的经历真的好多次了，感觉全世界都为我的终身大事操碎了心。

大四，第一次。

老婶说借着我小弟表演的机会去看看那个教笛子的老师怎么样，还没和对方提这事，只是去看看。所以我就傻傻地去了。

那时候是真傻，当那个胖胖的老师特地抽空给我送矿泉水的时候，我瞬间明白他其实是知道事实的，否则他便不会忽略那么多的家长，偏偏给我送瓶水。

果然，前脚回到家，对方的电话就打了过来，说家长算了八字，两人八字不合，没办法相处，因为家里比较信这个，所以……

在我还不知道自己是去相亲的时候，我就这样莫名其妙地被“甩”了。

虽然韩剧经常上演一见钟情的桥段，但可悲的现实是，两个完全陌生的人强硬地撮合到一起，靠那至多三五分钟的对视达到心灵相通，怎么可能啊？

还有好几次这样的事情，比如出差路上被人拉着去相亲；比如相亲对象说他还没有忘记前女友，目前不打算谈恋爱……这样的经历每次想起都觉得脸红又难堪，可如果有人愿意给我介绍，我还是会无条件地答应相亲。

为什么明明知道根本毫无结果，还愿意去接受难堪？

为了那百分之零点零一的可能性！因为如果不去相亲，恋爱的可能性只能为零。

世界上就是有那么一种人，不去酒吧，不逛夜店，不爱聚会，甚至不逛街。日子单纯得只有两点一线，家——公司，公司——家。

这种一下班便着急回家的人，肯定没对象！

没有交际，但不代表没有生活，她们喜欢利用业余时间去做自己喜欢的事情，有的掌握了一手好厨艺；有的热爱宠物与布艺，将家里布置得舒适又文艺；有的报了舞蹈班，有的报了吉他社；有的甚至利用业余兴趣成功逆袭。

这个浮躁的时代，这样的单身比比皆是，所以才会有这样一句调侃，“有趣的人都单身”。

是真的想要单身？还是因为自己过得太好更不愿意找个人凑合？

我想，后者更多一些吧！

过年的时候，又陪着闺蜜去相了次亲，这比我之前的相亲方式又升了一级，也是最传统的那种相亲方式。双方对比了家庭条件，职业，身高，收入等诸多因素之后，确定好匹配值，一切合适之后才选择见面。

当然结果依然是悲壮的。

因为彼此要找的都是伴侣，而不是匹配值，螺钉到底配不配螺帽？也许只有拧上才知道。当然，这些都不是见一面就能解决的问题。

因为诸如此类的理由，越来越多的年轻人也开始拒绝相亲了，觉得浪费时间不讨好，而且还打击人。

本就交际范围小的单身们，更是因此断了认识异性的唯一途径，深陷单身大潮的泥沼之中。

为什么别人可以谈恋爱，而我们却不可以，我思考了许久这个问题。

我的好友L，至今已经单身三年之久，她之所以不再恋爱，是因为上一段感情对她造成了太大的伤害，她不敢再轻易地开始下一段感情，说到底，就是害怕再被伤害。

另一位好友谈过一段“同城异地恋”，两人经朋友认识，虽没有感情基础，但考虑到是朋友介绍比较知根知底，便草率在一起了。虽然两人名义上是恋爱了，但实际上只是偶尔聊聊微信，偶尔见面吃顿饭，感情一直平平淡淡。

说喜欢吧，算不上；说讨厌吧，也不是。但已经习惯了单身的彼此就是谁都不愿意太过主动一点，后来慢慢联系也就淡了，分手的时候也只不过一句轻描淡写的：“我们分手吧！”另一个人回：“嗯。”

想到《越洋情书》中波伏娃写给情人尼尔森·艾格林的那句话：“我渴望能见你一面，但请你记得，我不会开口要求见你。这不是因为骄傲，你不知道我在你面前毫无骄傲可言，而是因为，唯有你也想见我的时候，我们见面才有意义。”

通常的情况下，我们习惯性地端着，不是不想进一步地了解对方，只是我们更希望别人率先向我们迈那第一步。说到底，就是在爱别人的基础上，我们更爱自己。

还有如我一般的人，单身的时间久到几乎占据了整个生命，真的太久了，以至于怀疑自己是否还有去爱一个人的能力。

有一天，我在大街上遇到一个不久前还在对我表示好感的男孩儿，他和身边的姑娘有说有笑地从我面前走过，完全没有注意到我的存在……就好像几天前对我示好的那个人不是他一般。

知道那瞬间我是什么感觉吗？

并不是难过，而是长舒一口气，庆幸自己当初拒绝了他的“好”意。

但从我发小身上，不难发现，这便是绝大多数男生们的恋爱方式。

他们很容易动情，也很容易忘情。

大多数男人如此。

我们有过太多这样的教训，所以如果某天，一个男人突然闯到我们生活中表现出好感的话，我想第一件能到想到的事情绝对不是期待而是逃跑吧。

我们明明那么向往爱情，可我们又那么惧怕爱情。

或许，这都是单身久了的后遗症吧！

是的，单身是会有后遗症的。比如雌雄同体，不会撒娇，能自己做的事情绝不麻烦别人，不愿意交际，越来越挑剔……逐条列举下来就成了一个死循环，宁愿自己爱自己。

你的心情我都懂。

或许我们把自己照顾得太好了吧，以至于沉迷在了有没有那个他都可以活得很好的虚拟快乐之中。

但是你要知道，为什么我们需要爱情？不是没他不行，只是有他更好。一个人也许过得很快乐，但如果有他来分享这份快乐，那便是幸福。当你因工作上的进步感到开心，因喝到一杯美味的饮料而雀跃或者因丢失了某件喜欢的东西而难过，这些情绪不再是你一个人消化，而是有另一个人和你一起分享，这种感觉是不是很幸福？

爱情不是捉迷藏，并不是藏得越好的那个人越容易获得快乐。

缘分这东西，说来很怪，你不知道它会在你生命中的哪一瞬间出现，所以才会显得如此神秘。

神秘最大的意义就在于它将给你带来惊喜。

我知道，你即使单身也会过得很好，但也请不要拒绝爱神的降临。

如果我们一辈子单身

五月，R来我家寄宿，我们又像从前一样，关着灯挤在同一张床上聊家常，那一晚她看起来很兴奋。家姐发微信给她，介绍相亲对象的喜好，末了特地补充了一句："对方特别爱干净，见面的时候你也要打扮得干干净净的，往他喜欢的那方面捯饬（家乡话：打扮的意思）一下……"

我反问她："为什么要往对方的喜好方面打扮，为什么不能做自己？这样迎合对方的接触有意思吗？"

可我很快便否定了自己的想法，想到大热剧《欢乐颂》里的曲筱绡和赵医生，甚至想到了《白蛇传》里的白素贞与许仙……

我双手支着头瞪着黑暗里的天花板，尽量理智且不带任何个人想法地替她考虑，然后便否定了自己刚刚的说法。爱情开始之前总得有一个人率先"耍流氓"，这里面或多或少就有虚假的自己以及故意的迎合，可如果连这个都没有，又哪里还有开始？

是吗？她只是半信半疑地回我，说不定心里已经有了答案。

那一刻，我也找到了扪心自问许久的一个问题的答案，我为什么会单身？

M给我发微信跟我探讨这件事情，循序渐进地盘问："你是不是表现得很冷淡，让对方觉得你对他没有兴趣？"

我诚实地回答："就是没有兴趣！"

L不止一次地找我长谈，对我的性格总结了一句话："你太固执了。"

小A质问我："你这么慢热，别人都无法了解你，又怎么可能喜欢你？"

生活好像一场舞台剧，爱情篇章里，我太没演技。我没办法试着热情，试着迎合，试着找话题，那不是我……

所以，我就知道了，像我这种人，注定要单身，还要很久很久。

有一段日子过得很糟糕，极其厌恶自己，做了很多看起来可以让自己开心的事情，可是都没办法解救我内心的孤独与恐惧。那阶段我看了很多的悬疑小说，没错，是悬疑，而不是言情，我从不喜欢看言情，不喜欢看别人幸福却与自己无关，不喜欢故事到了结局自己徒有一场空欢喜。那阶段整宿整宿的噩梦，换了纯黑的床单四件套，买了很多水果等到烂掉再扔掉，用力地搓洗电饭锅下面的糊渣，一锅菜第三天的时候已经馊掉，发了很长很长的微博再快速地删掉……

那是一个特别陌生的自己，也是一个特别令人讨厌的自己。多年的独居生活已经让我养成了自我修复的能力，一个字"熬"就可以，所以那阶段文章写得很少，因为我在"养伤"，别人治不好也看不到的伤。

那天，我去药店买善存，店员热情地帮我介绍各种保健品的功效，她说："看你脸色不好，该补补气血方面，否则以后怀孕就糟了。”我苦笑着，然后找理由落荒而逃。

那晚我吃了很多东西，也想了很多，我就在想啊，我如果要单身一辈子，要都是如今这种状态可怎么办呀？

我决定要改变，从爱自己开始，可如果真的要单身一辈子，我该做些什么呢？

第一件想到的事情有点俗气，赚钱。

有时候你想要的东西，爱情不一定可以给你，但是钱可以。有了物质激励，人生好像又有了鲜活的意义。可我好像没什么经商的头脑，就连写作也都是不愠不火，想当作家更是天方夜谭，如此反复，好像又回到了一个死循环里面。

那天，L Boss给我发了5000大红包，说是补发的工资，但我知道这不是我该拿的那份，虽然那时我很缺钱，因为前一个月妈妈住院还刚刚交了一季度的房租。

钱虽是好东西，但幸好我的世界里还有更重要的东西。

那阶段我写了很多思考现实的文章，我在想“钱”究竟意义何在，最后得到了一个结论，只有没钱的时候钱才最有意义，比如没钱治病，没钱吃饭……

由此，我又想到了第二件事情：锻炼身体，不生病。

我并不是一个对钱有太多野心的那类人，我是目标导向型的那类人，不靠金钱驱使做事，而是想做什么事儿努力去赚钱实现它，也很“小农思想”，真正开始感慨金钱重要完全是因为之前妈妈入院。“花钱如流水”五个字全体现在那个点滴的袋子里。

既然我没钱，那我就不生病吧！我是这样想的。我开始试着早睡，试着坚持泡脚，试着每日步行，试着周末爬山……

做了这些事情之后又有了另外的连锁反应。

清晨的阳光不刺眼又很温暖，学生们因抢一袋零食就能笑到120分贝，金毛竟然被剃成了秃子，又遇到了我的同学可我依然想不起她的名字……

细心观察这个世界之后，我想到了第三件事：爱自己。

我开始正视这个城市，也开始正视我自己。

试着把粘在锅底的米饭煮成粥喝，买了奶锅只炒够一个人吃的菜，买半斤的水果全部吃掉，想吃薯片就吃然后再努力减肥，睡前不再看悬疑小说而开始听喜马拉雅的有声故事，对着墙壁有声地朗读，看书的时候用力思考，练琴的时候弹到手指僵掉……

这才是一个人生活该有的状态啊！哪怕一个人，也努力活得很好……

归家时，老妈跟我抱怨："即使我不着急，可有人替你着急啊，你都这么大了不找对象，你不知道亲戚们会怎么说，邻居们会怎么想……"

我可能很久都无法解决父母的面子问题，我只能解决自己的里子问题。

如果还要单身很久该怎么办？如果这个期限是一辈子又怎么办？

这个问题太深奥，暂时我还无法回答你。

不过呢，我又开始养存活时间够久的勿忘我了，买比酒贵的杯子，比裙子贵的睡衣，我只知道自己舒适才最重要，别的管他呢。

活着又不是为了找对象的！

如果碰到爱就用力去爱，如果没碰到，就用力爱自己，这样我们才不枉活过一场。

放弃一个喜欢很久的人是什么感觉?

L失恋那会儿，着实是闹腾了一阵，他说自己没办法一个人待着，便每天邀着身旁好友吃喝玩乐虚度光阴，我不知道自己是第几波受邀的好友，反正他说请客吃饭我便去了。他看起来除了憔悴一些，其实和平时没什么不同，只是无论我们聊什么话题，他都会自然地扯到他分手的女朋友身上，反反复复，说到你心烦意乱。

那晚，我们几个陪他在KTV唱歌，他却自己一个人霸占麦克风唱了许久，唱到喉咙嘶哑，一脸沧桑。

这样的状态他持续了很久，失恋仿佛把一个人都弄颓废了。

我问他："不就是失恋，你至于吗？"

他苦笑着回："你又没恋过，你不懂！"

可能我的语言确实冲撞了他。

可谁说没恋过的人就不会失恋呢?

比如我的好朋友X。

X深夜给我发私信，上来便是："我失恋了。"

看到信息的我都惊呆了，连续回了好几个问号："你先告诉我你什么时候恋爱的？”

她迅速回了个痛苦欲绝的表情，说：“我喜欢的人原来已经有女朋友了。”

一瞬间恍然大悟，原来这是一段没开始便已经宣告结束的爱恋。

R的第N次相亲，终于遇到了心仪的P先生，这一次或许真的心动了吧，所以才会抛掉女生的自尊与骄傲主动约对方吃饭约会看电影，P先生欣然接受，时常还会主动与其聊天。

R心动地以为两人会有进一步的发展，可……P先生却先一步表明了态度，理由不是不喜欢，不是不适合，而是一个冠冕堂皇到令人可笑的理由——“我考虑去外地发展，不想耽误你的未来。”

一起的现在都没有，哪来的未来？R再天真，也看懂了他拒绝的决然。

原本准备好迎接的爱恋，也这样夭折了。

那一刻才从梦中清醒过来，原来那些深夜的聊天，同桌而坐的笑脸，都不过是为了道别这一刻的不必太难堪。

后来他们都怎么样了？

L终于走出了失恋阴影，但是两年了，他没有再谈恋爱；X剪短了留了很多年的长发，隐藏了自己的小心思，从此陌路天涯；R呢，她把所有的过错怪罪到自己的身材上面，开始拼了命地跑步、拼了命地减肥……

喜欢一个人也许只需要一秒钟，而选择放弃一个人却需要很长时间。

后来可能连他们自己都忘记了决定放弃的那瞬间是什么样的契机与场景，但放弃一个人的感觉却总是刻骨铭心的。

4月份，《民谣在路上·大连站》的演唱会，我去了现场。第一次知道民谣歌手陈硕，那天他演唱了他的代表曲目《当我要走的时候》，大冰在报幕的时候讲述了这首歌的创作背景。原来陈硕交往了很多年的女朋友最后却嫁给了别人，所以这首歌其实是唱歌他的前女友的，更是写给失恋里的人们。

“就让这时光别停留，就让这姑娘别回头，就让这昨夜醉酒的人呐，不再泪流。”

想对那个姑娘说的话，已经没法当面对她说，只能以这样的方式唱给她听，听歌的人也许听出了里面的故事，但唱歌的人唱的却是他正经历的心酸。

有些时候，我们选择放弃一个人，也许不是因为不爱了，因为现实它不是只有爱与不爱两个选项的选择题，太多的因素制约了我们的选择，阻碍了两个人走到一起的可能性。

最心酸的放弃，也许就是我爱你，但也只能到这里了。

不由得想到那首歌曲。

“为你我用了半年的积蓄，漂洋过海地来看你……”

两句歌词，你是否也猜出了它的名字？

没错，娃娃原唱的《漂洋过海来看你》。

当年这首歌的歌词是李宗盛在牛肉面店的餐纸上完成的，而歌词里面的故事也是真实存在的。

王家卫执导的《一代宗师》里面，宫二对叶问说：“我在最好的时候碰到你，是我的运气，可惜我没时间了。想想，说人生无悔，都是赌气的话。人生若无悔，那该多无趣啊。我心里有过你。可我也只能到喜欢为止了。”

即使相爱却不得善终，未能战胜现实携手并肩，单恋之苦抑或世俗原因，这世上会有诸多原因让你不得不放弃那个你很喜欢的人，有人从此颓唐，有人用音乐来表达哀伤，有人逐渐走出阴影重获幸福，有人发愤图强变成了你从此无法企及的高墙……

决定不再爱一个人之后，千个人有千种做法，无论哪一种，都已和他/她无关。潇洒的人拥有爱得起放得下的能力，痴情的人执着可以但别伤了自己。

其实喜欢一个人并不是一件丢脸的事情，之所以要克制自己选择放弃，无疑只是因为结局未果。

说到底，我们还是更喜欢自己。

“那一天，天气很好，我拍了一张蓝天的照片，第一时间就想分享给你，那一刻我想完了，我好像喜欢上了你……”

“这一天，天气也很好，我没有拍蓝天的照片，而是对着镜头比了个V，告诉自己，从今以后你要好好爱自己！”

放弃一个喜欢很久的人究竟是什么感觉？

或许，有点如释重负，又有点怅然若失吧！

幸亏心里没了你，终于可以再装点别的东西了。

谈物质的爱情，一点不俗套

N某天发了条状态，她分手了，很波澜不惊地一句感慨，没人知道背后发生过怎样的波涛起伏，才能熬成今日的风平浪静？

但是作为曾经的好友，其实我有在心里暗暗地松口气，幸好，最后她离开了那个男人。

我对她的爱情对她的男友并不是很了解，我们只在多年前的某个夜里探讨过这件事情，那时她送了我毕业礼物，从此以后便两地相隔，甚少联系。

依稀记得的信息是那个男人比她大五六岁，当年便已经过了而立之年；她白天上班晚上还要去夜市摆摊；聊天的语气没了之前的阳光开朗，满是对生活的焦虑忧伤……

她家境原本很好的，即使不是什么富裕人家的大小姐，但也是父母手心暖大的宝贝，哪里像如今生活的这般辛苦过？可想而知，能够做到如此地步，爱情的力量的确挺伟大。

那时我还是个心直口快又单纯的女大学生，很少会考虑到别人的感受，便很直白地问她，既然这么辛苦，为什么还要和他在一起。

如果她回答的是爱，那么我会鼓励她。

她犹豫了片刻才告诉我，已经住在一起了，分开哪那么容易，而且他对我也挺好的，每天都会给我做饭……

那时我还没办法不脸红地说出“同居”一词，便迅速岔开了话题。

最近在追《欢乐颂》，看到应勤因为邱莹莹不是处女的事情而闹分手时，不知为何我竟想起她来，彼时似乎终于明白她口中那所谓的“分开哪那么容易”究竟意味着什么？

现实的世界中，像曲筱绡那种性开放型的女生还是少数，普通的女孩有几个不期待着可以嫁给自己的第一个男人。

就因为这，很多姑娘即使深陷泥潭，却依然期待着爱情可以拯救一切。

可爱情这东西不能顶替饭来吃！生活不能全部仰靠爱情支撑，它总会归于平淡，归于柴米油盐，归于那些细碎的鸡毛蒜皮之中。

那句话怎么说来着，“不谈物质的爱情那是傻乎乎的瞎扯淡；只谈物质的爱情那是赤裸裸的性交易”。

马斯洛的层次理论中，生理需要、安全需要之后才是归属与爱的需要，追求快乐是身为人的天性，如果简单的生活需求都不能满足，又如何追求爱呢？

别以为在乎物质的女生就是爱慕虚荣，在乎基本的物质需求那是天性，谁都无法免俗。

什么是爱情？

爱情起码应该是一种可以让人看到未来希望的东西！

什么是家庭？

家庭应该是两个怀着同样幸福的梦想准备携手一生共同前往的方向！

无论爱情还是家庭，最大的相似点，就是可以看到明日曙光的希望，谁会希望自己的未来黯淡无光？

27岁的女人，在没有爱上另一个人的前提下，要鼓多大的勇气才能做出离开一个人的选择？这不是她现实，只是她看不到未来的希望了。

幻想一下未来的生活，租住在出租屋里，穿廉价的衣服，没日没夜的劳累只为了孩子的奶粉钱，为了2毛钱也要和卖菜的大爷讨价还价……

这样的日子，比单身都不如，想想谁都会觉得恐怖。

有的男人总是不懂，甚至会质问她的女人，你以前也不是这样啊，你什么时候也变得这么虚荣，这么势利眼？

真的是女人变了吗？

要命的不是女人变了，而是那个本已经到了撑起家庭的年纪的男人依然未变。

25岁，对于女人来说，是一个伟大的转折点！

25岁之前想要的东西有很多，虚无缥缈的爱情，吵吵闹闹的友情，不被束缚的亲情。

过了25岁，一切好像都变了。对美满家庭的渴望高过那遥不可及的爱情；友情的圈子不是越大越好，甚至害怕那些只为追忆的久违团聚；开始理解父母的苦口婆心，甚至忧伤又杞人忧天地害怕起某天这种唠叨会突然消失……

收起放荡不羁，她们开始变成了一个“规整”的自己，抬起头，她们开始正视现实中的自己。

关雎尔对安迪说：“我看现在好多人见面也没几面，两个人就结婚生子了，这结婚有的时候无非就是搭伙过日子。安迪姐，你不一样，你什么都有了，对爱情的要求也就更纯粹一些。”

安迪回道：“爱情本来就该是纯粹的，和我有什么没关系，你也一样。”

关雎尔道：“可是像我这样的人，如果一味地追求爱情，结果只能当剩女。”

爱情有的时候其实和物质基础真就密不可分，这年代也不该说谁现实，因为无论男人喜欢女人的美貌，还是女人喜欢男人的才华，深思起来都挺现实。

最好的解决办法，就是在该努力的年纪都去努力，女人不图嫁人来扭转命运，男人通过自己的努力从“潜力股”变现出真正的价值。

有了物质基础，我们再谈爱，那时候的感情或许才更加纯粹。

姑娘，
男人的肩膀是需要你来靠的

不久前，简书上收到一条男读者的私信。

他看了我的文章之后莫名想到了他的女朋友，不知鼓了多少勇气，终于向我问出了心中久存的疑虑："我女朋友和你很像，一样的独立要强，也很有主见。她很少麻烦我，遇到困难的时候她都会想办法自己解决；也很信任我，有时候晚归稍作解释她就相信；非常理智，从不太会像别的女孩儿一样撒泼。在她那里，我感觉不到自己是被需要的，你说她是不是不喜欢我？"

我心想："你女朋友喜不喜欢你？这问题你该问她啊，你这样问我我怎么会知道？"

可仔细一想，大概便可以了解他问我这个问题的原因。我想他之所以会问我这个问题，或许是因为我和她的女朋友性格很像，所以想从我的角度了解她女朋友的真实想法。

我又继续追问他道："你女朋友有没有说过喜欢你？"

他回道："说过，但是只有一次。"

我继续追问道："既然已经说过了喜欢你，为何还要纠结于这个问题？”

这一次他隔了很久才回复我说：“我不知道该做什么，怎么做才能迎合她，在她面前我总是患得患失的，当初追求她的时候就是觉得她和别的女生很不一样，所以确实追了好久才追到，可是我真的不确定她是喜欢我的，或者仅仅只是感动。”

关于这段感情，男孩儿其实在脑海里已经开始动摇了，因为他的爱没有得到同样的回馈。

我想到了我可悲的过往，以及很可能相似的未来，我只能用我自己的想法来判断，这一次我只回他了几个字，非常肯定的几个字：“她是喜欢你的。”

我没有任何判断的实际依据，单纯地凭借女生的第六感，凭借和那女生所谓的相似点。

这个人再也没有回复我。

这几天我一直在反思这件事情，不知道他们后来会怎样？只是很后悔没有更好地回答他的疑问。

我想了又想，想了又想，依然觉得那个女生是喜欢他的，至少如果我是她，我是这样想的。

虽然在我的文章中常常灌输“女生要学会自立”的观点，但实际上，我又不得悲哀地承认，有时候自立过度反而不是一件好事儿。

《花儿与少年3》的第一集，节目组让全体成员从井柏然和陈柏霖两人之中选择一人作为其领队导游，另一名落选人员将被独自流放，最终成员们纷纷选择了井宝当导游，理由并非是他能更好地带领大家，而是大家觉得相比较而言，他更需要被照顾。反之，即使陈柏霖是一个人，也能应对各种状况，更适合被独自流放。

所有自立的人都将面对同样的悲哀，大家理所当然地认为他不需要被照顾。

我也经常遇到同样的事情。举办活动的时候，常常一个人背着全套的摄影器材再加上两三个工具袋子楼上楼下地跑，大家看习惯了，会自然地觉得我很强，根本不需要帮忙，所以慢慢地就真的没有人会主动帮忙了。

这样的事情很多，涉及方方面面，后来我确实掌握了很多技能，修得了水管，拿得起电钻，看起来无所不能，别人想帮忙也只能望而却步，毕竟我看起来那么“强壮”。

因为没人帮忙，我又只得更加的独立坚强，如此反复，恶性循环，自食恶果。

总结下来你就会明白，所有看起来自立的姑娘都会犯同一个毛病——凡事喜欢自己来，而非找人帮忙。

我分析过自己为什么会这样，其一可能是对他人的信任不够，总想着与其相信别人，还不如相信自己；另外一点可能就是习惯性的不想麻烦别人，怕欠人情债。多数的情况可能属于后者。

可为什么连自己的男朋友都不信任呢？估计就是习惯。

究竟从什么时候开始被大家冠上了“自立”的标签呢？我仔细回想。肯定不是小时候，小时候充其量只被当成是个“独立有主见的小姑娘”，真正要追究起来，估计是从我独自生活开始，从我步入社会开始，从我认清不自立就很难生活得很好的那一刻开始……

就连志玲姐姐都曾说过：“希望有人能够呵护我，可是后来才发现只能自己把自己当公主。”

是啊，多少个姑娘期待过别人的呵护与照顾，可是后来生活却让她们断了这样的念想，慢慢摆脱了依赖，慢慢变得自立，慢慢养成了习惯！

成年人一旦养成了某个习惯真的很难改掉，就像戒烟，就像失恋，所以割舍“自立”其实也是一件蛮困难的事情吧！

他们两个后来会变成怎样的情侣呢？男孩学会了包容女孩的自立？还是女孩儿学会了依赖男孩？抑或是还没走近彼此便选择了分开？

我希望可以是前两者。

写给亲爱的姑娘：

我以前有两种食物从来不碰，西红柿炒鸡蛋和酸奶，我从心里排斥它们，我觉得它们会很难吃。偶然的机会我尝试了几次，现在生活已经离不开酸奶了，偶尔也会做个西红柿炒蛋。

说了这么多只想告诉你，你或许习惯了依靠自己的生活，不愿试着依靠别人，我知道这样的习惯很难改掉，但不要先入为主地觉得这样的做法就是最好的，偶尔可以试着依赖一下别人，也许那种感觉也会不错呢，不是吗？

自立的姑娘都很美，我一直这样认为，但是它的应用也需要分场景，爱情的世界里本就需要两个人共同经营，如果你全部都可以，那还要男人做什么呢？

爱情里，不光是你需要，还有被需要。

两个人在一起，不是有爱就行，我们还得学着如何经营这份爱，学着放低姿态，学着依赖。

网上有句话说得好：“摆出那么强悍的姿态给谁看呢？到头来，自己成了自己孤独的看客。女人要独立，要坚强，但不必每分每秒都刀枪不入啊！”

写给亲爱的男孩：

如果我是她，既然选择了你，肯定是爱你的，这一点毋庸置疑。

但是另一点你也要明白，这样的姑娘也许需要的并不是你带她看世界，而是一起并肩看夕阳！

她可能看起来很独立，很有主见，但她也肯定需要你，需要生命里每一天你的出席，需要你的时常相伴。

你的小心翼翼，你的试探与隐藏，其实都不如勇敢又大胆地正面出击，告诉她你的不适与患得患失，告诉她你的存在与可靠。

如果你觉得她的气场太强大，你其实可以试着让自己的气场变得更强大一点。再或者，就心甘情愿地弱化自己的气场吧，女生自带母性光环，既然你感觉她好像不那么需要你，但你却可以非常需要她嘛！

总之呢，世界那么大，我们那么小；道路那么宽，衣衫那么薄；缘分那么浅，相遇那么难；两个人能走一起啊，不容易！

是“我爱你”，
还是“我习惯了你”

身边不乏这样的朋友，某天和我们宣布恋爱了，爱得很高调，朋友圈总能看到其晒幸福的照片。其实打心眼里为他高兴，但是没几天，却又听到了他们分手的消息。

还有另一种情况，传说中的闪婚。虽然当初结婚的时候也的的确确是因为爱情，可是好景不长，没盼来他们生Baby的消息，倒是听说他们离婚了。

其实我有时候也挺好奇的，大家怎么换男（女）朋友，或者换爱人的速度比我一本小说完结得都快?

很多人抱怨，说为何自己找不到对的另一半，有些人会不断地尝试，不对就换；另一种情况，就是如我一般，一直在等。

可现实就是，换的永远没有上一个好，等的永远也等不到。

为什么？因为对的另一半只是你臆想中完美的那一个而已。

你有时候连自己都嫌弃，怎么可能遇到那个完美到你从不嫌弃的人呢?

道理或许大家都懂，只是做不到。

但我今天要做的不是讲道理，而是给你讲个故事，一个关于我爷爷奶奶的“爱情”故事。

“娃娃亲”几个字是不是觉得特别陌生？那是封建社会才存在的一种包办婚姻行为，那个年代“娃娃亲”其实很常见，我的爷爷奶奶便是其中的一对。

我爷爷家是地主阶级，所以年轻的时候一直享受的都是少爷待遇，虽然后来因为“文革”时挨批斗，家道中落，但是一点也不影响其年轻时候的风流倜傥。

我爷爷上大学那年，我奶奶已经做了小学老师，那时候学校经常组织下乡劳动，既要从事体力劳动，伙食又不好，我奶奶就会经常将自己的粮票省下来，去给我爷爷送盒饭。

我爷爷年轻的时候长得很帅气，又因为一直都是少爷待遇，所以在众人中，总会有点与众不同的气质，当然因此就会有很多小姑娘会喜欢。我爷爷问过我太爷爷对此事的态度，太爷爷比较开明，说他已经成年，事情可以自己做决定。

这意思也就是说，虽然长辈们给你订了娃娃亲，但是我现在不管了，你自己决定吧！

我爷爷的决定就是，用自己已经有未婚妻了的理由，回绝掉了那些主动的姑娘们……

他们这一辈子也免不了争吵，但还是彼此搀扶陪伴了一辈子。

爷爷葬礼那天，幻灯片上有张照片，那是爷爷退休那年照的，左手上的手表银亮亮的很是晃眼，那是一块上海牌的手表。那是爷爷上大学那年，我奶奶省吃俭用好几个月，花费二百多块钱买的，时至今日已经有六十多年了，当年的二百块礼物，那简直是天价的奢侈品。

爷爷不知道哪一年开始耳背的，奶奶却依然喜欢每天在他耳边碎碎念。因为讲出的话总是得不到回应，奶奶也会因此而生气，特别气愤的时候总是忍不住要骂上几句“死老头子”，爷爷看着她生气的表情，也免不了心急，问：“你说什么？啊？我听不见，你再说得大声一点……”

他们最后的一次对话定格在了葬礼上，奶奶伏在水晶棺边上，对着里面“睡”得安详的爷爷喊：“老头儿，你说话啊，你倒是说话啊……”

彼时我就站在奶奶旁边，那是我今生见过最美的爱情画面。

你看啊，撇去浮华，最高级的爱情只不过是柴米油盐下的长久陪伴。

S在结婚之前出轨了，精神上的，她不可救药地爱上了她的男同事。

S和她男友是大学时认识并交往的，至今已经认识了八年。去年的时候，S男友的公司多了一次外调的机会，领导相中了工作踏实肯干的S男友，希望他可以把握这次机会，只要在新疆分公司待满两年，回来的时候即可晋升一级。

两人商量之后，决定接受这次外调的安排，临走前S男友跟S求了婚，S也答应两年后他转回总部便举行婚礼。

一切似乎都在小情侣的规划之中，可是两人毕竟相隔了数千里。异地或多或少总会拉开彼此的距离。

S男友离开的第一年便发生了很多事情，房东易主，S不得不重新找房子搬家，工作上也面临了很大的变动。当S满身疲惫与委屈打电话给男友的时候，对方的手机却几乎永远都是没有信号状态。

以前她还可以理解，他那地方一直就信号不好。但是这样的时刻，她只剩下抱怨与更多的委屈。

那个男同事便是这时候出现的，他帮S搬了家，还时常请她吃饭，倾听她的抱怨……对方对她越好，她对男友的抱怨便越多，有一次她甚至恶毒地对着电话吼道："你说这么多好听的有什么用啊？你是能帮我搬家啊，还是能帮我找工作啊？"说完便直接挂断了电话。男友的电话再打来，她也选择视而不见。

两个人就这样在其中一人的赌气中断了联系，S和那位男同事的关系却在逐渐升温中。

那晚S和男同事一起喝了点酒，S酒量其实不错，但可能感冒的缘故，走路还是有些摇晃。男同事送她回家，借着酒劲儿大胆向她告白。S恍惚了一阵，还是老老实实告诉对方自己已经有男朋友的事实，对方不但没有生气，反而说没关系，他会等她。

等她做什么？分手吗？

S一下子清醒了过来，推开那位男同事，自己跌撞着回了家，脑子却一直挥不去被告白的一幕。

半夜S开始发高烧，晕晕乎乎的只觉得噩梦一个接着一个，似乎有人摸了她的头……

S一早醒来才发现，本该在新疆的男友此刻就坐在她的床边。对方见她醒了，忙起身摸她的额头，感觉不烫了才欣喜地松开手。

因为她的小脾气，他竟从那么老远飞了回来。

早饭是男友做的皮蛋瘦肉粥，上面撒了厚厚的一层香菜，她最喜欢吃的菜。S舀了一大勺吃进嘴里，莫名地抽泣起来……

男友焦急地向她道歉，说自己忽略了她的感受，没能帮她搬家，让她受累了，对不起之类的话。

可只有她心里知道，她其实是在愧疚。

那位男同事也和她男友一样，不喜欢吃香菜，所以两人一起吃饭的时候从来都是让厨师不放香菜，但是她的男朋友不是，他每次只是耐心地把香菜挑出来放到她的碗里而已。

S后来还是选择了她的男朋友，今年他们还顺利地完婚了，很多人艳羡这对相处快十年终于修成正果的情侣，羡慕这样的爱情，可只有S自己知道，能让他们最后走到一起的不止有爱情。

孟非在《非诚勿扰》上说话这样一段话："我觉得吧，要结婚这件事情里边一定要有爱，没有爱是不行的，但是我认为不能仅仅是因为爱。我恰恰认为习惯是一个非常可贵的东西。你想一想，我们太容易喜欢上一个异性了。真的，我看到这个女孩儿好我会喜欢。我第二天看到那个女孩儿好，我也可能喜欢，这个是骨子里的东西，人性它克服不了的。可贵的是什么？当我跟她相处，我已经离不开这种习惯的时候，那个时候进入婚姻，是相对比较安全的。仅仅是因为爱进入婚姻，很快会在琐碎的、无聊的、家常的生活当中，把那个爱消失殆尽。但是，当你们的爱变成了一种习惯，双方都习惯了对方，而再难习惯别人的时候，那个时候进入婚姻，是最安全且能够相对持久的。"

听说S最近怀了宝宝，曾经发生过什么此刻看来一点都不重要，重要的是他们后来走到了一起，而且现在生活得很幸福。

"我爱你"中的"爱"字是个动词，可能只发生于一瞬间，很容易被轻易说出，也很容易被舍弃。

而"我已经习惯了你"中的"习惯"二字却是需要长时间的沉淀才能够养成的生活方式。

时间可以轻易带走爱，但时间却很难改变习惯。两个人在一起，一方抬起手，另一方便知道她是要遥控器还是要薯片的默契；点菜时无须对方多言便可以脱口而出的对方的口味；一方张开手臂，另一方便知道跑过去拥抱的熟悉……

“我爱你”，有时候倒不如“我已经习惯了你”。因为爱你，而在一起，因为习惯，而放不开你。就这样不会彼此嫌弃的一直一直在一起，才是爱的真谛。

如果下次再恋爱，请别急于说放弃，给彼此一个可以习惯的时间，爱情的确可以晚点来，但爱情也需要慢慢养成。

第七章

总有一个人，爱你如生命

有一句“我爱你”，最不该被吝惜

公交车上，大家不约而同地看向了同一个方向，包括我。

从女孩儿的几句怒吼中大抵判断出了事情的来龙去脉。她的爷爷未经她的允许擅自动用了她的电脑，导致里面的相册全部消失了，她便质问她的妈妈：“你怎么不看住他？”

她有些蛮不讲理地对着电话发脾气，说：“我不管，回家之前必须把照片都给我还原，否则我和你没完……”

前面的女士眉头紧拧地盯着她，估计在想这是谁家的孩子，怎么基本的教养都没有？

我的思绪飘了很久，想起青春期那时的我，大抵也这样没大没小地和她，我的妈妈，吵过吧！

小学毕业之前，家里盖了新房子，举债多年。升中学以后，我的零用钱没减反增，买了很多书，CD，老爸还会给买昂贵的反季水果，日子和周围同龄人相比一点不差，勤俭的只有他们俩。

那年，家门前的铁路还在通车，铁皮货车轰隆隆地响，没吹起扬沙，只留下了铁球。很多的农村妇女便会在火车离去之后挎着小筐跑到铁轨附近捡铁球，铁球中含铁成分其实并不高，换不了几个钱，但在那个年代，这是贴补家用不错的方式。

那晚放学，和平时一样，我们一行三人骑着自行车迎着夕阳的影子开心地哼着歌，不知是谁说了句：“×××，那是你妈不？”

我很想说不是，可事实不允许，我从未想过我的妈妈也会去捡那个。

晚上，我们大吵了一架。我很凶地质问她：“为何要去捡那个东西？”她很委屈地问我：“你是不是嫌我丢人？”

我想她自己给出了答案，一个人坐在角落里哭了很久。

那估计是我青春期遇到过最糟糕的事情。

我心中的妈妈美得就像宋祖英一样，从小她就是我的榜样，我的神，我只觉得她生错了家庭或者嫁错了人，可是那一天，神话破灭了。

那时候不懂她，年龄渐长，当终于能够读懂她眼神里的欲言又止的时候，却又到了格外深沉的年纪。

我们与父母之间似乎永远都有一条没办法彼此走近的鸿沟。

《请回答1988》里面有这样一个镜头，宝拉看着妈妈流血的脚趾终于读懂了母爱。“偶尔会有觉得妈妈丢人的时候，妈妈为什么连最起码的颜面和自尊心都没有呢？有时候会很生气。那是因为妈妈比起自己还有更想守护的珍贵的东西，那就是我。那时候我没能明白，人真正变强大的时候，不是守护着自尊心，而是为了自己想守护的人抛开自尊心的时候。所以妈妈很强大。”

可电视剧终究是电视剧，生活中哪里会给配旁白的。所以这么多年，我还欠她一句对不起。

越来越多人说我长得像妈妈，连笑起的虎牙都一样。可是，她的那颗已经掉了，镶了一颗不合尺寸的门牙，身材走样严重，完全看不出年轻时窈窕的样子，就连脊背不知何时都弯出了弧度。

我越发出落得像妈妈年轻时的样子，每当别人夸我长得好看的时候，我就会想起我的母亲，她的女儿承载了她的美丽，汲取了她的营养，她却像一棵干枯的老树皮一样，浑身满是岁月刻画出的沟壑与褶皱。

我很不忍摸她干久了农活而粗糙臃肿的手指，不忍看她不合尺寸的牙齿，更不忍瞧她满鬓的白发。

那个像宋祖英一样的女子似乎永远留在了记忆里，留在了家里的老相册里。彼时，才恍然发觉，之所以把妈妈年轻时的样子神化了，是因为它真的只存在于我的想象里。因为，当我降生到这个世界的那一天起，那个窈窕的少女就变成了力大无比又顶天立地的妈妈。

给妈妈打电话，她突然感慨道："有啥事你也不和我说，你说你不开心的时候不和我分享还能和谁分享？"

我心想："那您生病了怎么不第一时间和我分享？"嘴上却回她："我挺好的。"

发觉越长大越像她，一样喜欢自言自语，喜欢只报喜不报忧，喜欢有什么事自己扛着……第一次做妈妈的妈妈一直在用她的方式守护着她的女儿，而也是第一次做女儿的女儿其实也一直模仿着她的方式守护着她。

千言万语只想说一句，妈妈，谢谢你。

但并不是所有人都有这份幸运，可以在懂得了妈妈这份用心良苦的年纪还可以对她说一句感谢。

X没有在她母亲的葬礼上流过一滴眼泪，私底下亲戚们都在窃窃私语，说她这个女儿算是白生了。X全然不在意，她对她母亲的情感中恨意占了上风。

为什么？因为她的母亲竟然为了荣华富贵而抛弃了她和她的父亲。

很多年后的一天，X带着闺女回外婆家探亲，外婆怕重孙女冷到，便在柜子里找了件衣服给她披上，X看到那件毛衣微怔了一下，继而崩溃地哭起来。

彼时，她的母亲已经去世一年之久。

她想起了小时候，那是一个很冷很冷的冬天，母亲凑在炉火边拆着一件毛衣。当时她们家很穷，穷到没钱买棉衣，母亲怕她冷到，便把自己唯一的那件毛衣拆成毛线，给她织了一套衣裤。

她原本以为自己忘记了，可看到那件毛衣的瞬间，她才明白，她不是忘记，她只是害怕想起。

她很想对妈妈说一声“对不起”，再说一句“谢谢你”。可是却已经来不及了。

年幼的女儿跑到她的身边，用稚嫩的言语问她：“妈妈为什么哭？”

X摸摸女儿的头，说：“因为妈妈想妈妈了。”

女儿不解，问：“妈妈也有妈妈吗？”

X破涕为笑，轻轻回她一句：“是啊！”

《请回答1988》里面，在“妈妈很强大”后面还有一句台词，“据说神无法无处不在，所以创造了妈妈。就算是我已成为孩子的母亲，妈妈依然是我的守护神，依然是只需要叫一声也会哽咽的存在，妈妈依然很强大。”

“好不容易到了可以安慰妈妈的年纪，可是，那时的我们已经过分懂事了。以致‘谢谢您’‘我爱您’这些话无法说出口。现在如果想要让妈妈开心的话。只需说一声‘妈妈，我需要您。’这一句足以……”

是啊，这世上最无私的爱或许就是母爱。但是最小气的“爱”，或许就是孩子对父母的爱。

我们总是太过吝惜自己的言语，不曾说过一声“对不起”，也未曾真诚地对她说上一声：“我爱您。”

时光啊，它催人老，染红了樱桃，也涂绿了芭蕉。

回家赶紧给爸妈打个电话，告诉她你的爱。

即使平庸，父母依然以你为傲

从小我们便对父母有种误解，感觉自己如果没有活成父母期待中的样子，就一定会让父母失望。

其实事实并不是这样。

妹妹九月份以优异的成绩顺利升入市重点高中，但是好景不长，初中时一直成绩名列前茅的她，高中首次月考成绩便下滑到了十名开外，她开始焦虑又惶恐起来，状态一次不如一次，成绩也逐渐下滑，这时候她便有了这样的怀疑：是不是自己的能力就到这里了？

她给我发微信，口气中充满了自暴自弃。

前些日子，大娘给她报了昂贵的课外补课班，结果妹妹非但没去，逆反心理反而更强了，不吃饭也不说话，只是闷在被子里哭，大娘看着也跟着着急，一个人在客厅里偷偷抹眼泪。

我能体会到妹妹的那种感觉，刚升高中的那会我也一样，不懂为何初中成绩明明很优秀的自己，高中以后却逐渐被人拉开差距，那种落差感与会让父母失望的羞耻感交织在一起，导致状态一次不如一次，其中会让父母失望的因素占了绝大部分。这种情绪持续了半年之久，才慢慢地缓解过来，成绩也是这时候才开始稳步恢复的。

中式的教育中，“望子成龙，望女成凤”的现象屡见不鲜，很多孩子在初期的学习过程中，很少能够明确自己的学习目的，为了今后自己能够当科学家而努力学习的觉悟并不是每一个孩子都能够拥有的，大多数的人努力学习、努力奋斗的最开始的目的只是为了达成父母的期待与希望。

好的成绩，父母会开心，会有奖励，反过来自己也会开心，诸如此类的逻辑堆砌了一个不太正确的学习观念，所以一旦这样的链条失衡的时候，一个人便很容易自暴自弃。

当年梁启超的女儿梁思庄刚到外国学习，一时无法适应，在学业上跟不上的时候，梁启超给她写了这样一封信，信上写道：“女儿：至于未能立进大学，这有什么要紧，求学问不是求文凭，总要把墙基越筑得厚越好。”

这是聪明父母的安慰方式，既给予了孩子已有努力的肯定，又鼓舞了孩子应该继续加油。但实际生活中，更多的父母却并不能够真正地理解孩子，他们只会按照自己的方式给予支持，比如找个补习班，实际上只是给孩子徒增压力罢了。

“爱之深责之切”，明明互相喜欢，却又互相伤害。

但他们真的如同想象的那样，对他的孩子失望了吗？

不一定。

在二姥爷的葬礼上，两个久不见面的亲戚一边折着纸钱一边聊着天。

A问B：“你家老二是不是开烧烤店了？”

B回道：“是啊，开店有年头了。”

A说：“挺厉害的嘛！”

B说："这不是没办法嘛，都怪咱们做父母的没有本事，别人家都把孩子送出去念书了，他初中没毕业就辍学了，没文化也就能做个小买卖。"

A说："现在不也挺好的嘛！你就知足吧！"

B说："是，我可知足了，我们家老二特孝顺，没事儿总去我那，每次都拎一堆吃的，他们饭店每次购菜的时候他都多买一点，然后给我们带去，说是新鲜……"

原来，辍学的孩子在父母的眼里是这个样子的！

是不是偶尔会因父母的一个眼神，一声叹息，而内心微微一震，是不是自己让父母失望了呢？

但你不知道的是，这一个眼神，这一声叹息中包含了多少他们对自己的失望？让父母无法释怀的东西其实并不在于孩子的平庸与不优秀，而是他们对自己无能为力的教育而深表歉意。

自己的孩子，无论过成什么样子，在父母的眼里永远都是最骄傲的存在。

犹记得几年前，在幼儿园的毕业典礼，撞见过这样一对母女的对话。

当时表演的舞台就设置在小区的广场上，正值夏季广场上的人很多，没有表演项目的小朋友就坐在成排的小板凳上，其中有个穿公主裙的小姑娘很是显眼，那会她正坐在母亲的怀里偷偷地抹着眼泪，谁也不知道她是怎么了。

舞台上的小朋友开始报幕，下面一个节目是舞台剧《丑小鸭》。

台上刚刚报幕完，台下的小姑娘便哭得更加凶猛。一个老太太走过去问孩子的母亲："这娃怎么啦？"

孩子的母亲一边哄着孩子一边解释道："本来让她演那个丑小鸭

的，前几天她生病了，好几天没上学，老师就安排别的小朋友演了，这不就伤心了！”

台上的小鸭子笨拙地走着，一不小心摔了一下，孩子没哭，爬起来继续表演，逗得台下观众一阵掌声。小女孩一直用眼睛偷瞄着舞台的方向，妈妈将她紧紧地搂在怀里，轻声地对她说道：“你看台上那个小鸭子，演得好不好呀？不过你也很棒是不是，她们在台上是小演员，我们坐在台下是小观众，因为有小观众的支持，这演出才算完整是不是。”

小女孩似懂非懂地看了妈妈一会儿。

女孩儿的母亲继续解释道：“来，我们给她们鼓鼓掌。你平时表演的时候，妈妈给你鼓掌你开不开心？”

女孩轻轻地点了点头。

“是呀，是不是因为妈妈的鼓励，所以你才更加努力地表演呢？那你说妈妈重不重要？”

女孩儿似乎听懂了，终于露出了笑脸，在妈妈的鼓舞下对着舞台上的小朋友拍起了巴掌。

这不禁让我想起那句话来“当英雄路过的时候，总要有人在路边鼓掌。”这是每一个平凡的人所扮演的角色——衬托英雄。但是在父母的眼中，你即使只是坐在路边鼓掌，也一样是英雄。

很多人不相信。

记得看过一个街头采访，采访的主题是，“你有让你父母值得骄傲的事情吗？”很多年轻人摇头表示并没有。记者辗转联系上了受访者的父母，几乎每一位父母都表示孩子便是他们的骄傲，虽然在孩子的眼里看来，自己并没有优秀到足以令父母骄傲的地步。

父母对孩子的满意与骄傲只会在外人的面前悄悄盛开；在你面前

时，只剩下一句轻轻地“继续努力”。因为他们把对你的爱与褒奖都埋在了心里，怕说出来你会骄傲而放弃努力。

记不记得床边的那杯水，记不记得归家时的那满桌菜，记不记得那嘴边的一抹笑，那都是父母骄傲的最好证明。

这些或许只有我们自己当了父母才会懂得。

不是不想你，只是不敢提起

李同学大晚上在群里求助：“你们至亲的人去世的时候，都是怎么挺过来的啊？”

E只回了一个字“熬”。

我瞪着手机上“去世”那两个字，默默收起了手机。

怎么挺过来的呢？

记得那也是一个冬天，收音机里在播放一档音乐类的节目，缓缓地前奏响起，是曹格的声音，他在唱：“摇下车窗在熟悉的路上，哼着你爱的那首歌。竹藤椅石砌墙怀念茶香，全家福的旧相框。你牵我走弯弯的小巷，风吹过落叶的地方，你说孩子勇敢地去闯，去看世界的模样。长大的世界充满了伪装，牛奶糖不再是犒赏……”

这首歌是曹格写给自己过世的爷爷的，歌名就叫作《爷爷》，当时并不知道歌曲的名字，只听着歌词便陷了进去，泪腺就像开了闸门的水龙头一样，脑海里不知为何就想起他来……

转眼已经到了十一月，距离他离开，已快两年之久。过了冬，飘过夏，秋天快来，之后又是冬。

走在街上最不愿看到的画面就是彼此搀扶的老夫妻，坐公交的时候也最不愿碰到走路摇晃头发花白的老丈，他们总会让我时不时地想到你。

中学的时候，我俩经常一起下棋，那时候你还不老，还总背着老太太偷捡地上的烟头抽。初一的时候我的棋艺还下不过你，待到初三的时候我已经可以轻松地连赢你三局，只不过看你有些失落的样子我总是不忍，偷偷地让你。

其实那时候你已经开始步入到老年人的行列了，我妈总说“老小孩儿老小孩儿”，越老便越会像小孩儿，所以赢棋的你才会开心地笑到露出满口的假牙，后面还要夹上几句“你还要多加练习”。

是的，我还要继续多加练习，陪你演好这出“戏”……

你总是自告奋勇地参加我每一次的家长会，因为老师会夸奖我，你很得意。为此，整整三年，王太太愣是没机会认识我的班主任。

你也很喜欢在家长会上发言，那是你退休之后唯一站在讲台上的机会。看出来了，你很热爱那个“舞台”，学生们大概也很爱你，否则不会时隔几十年以后，还会有头发半白的花甲老人过来看你。

高中我在学校寄宿，没办法再回家陪你下棋，你和老太太便经常坐一个多小时的公交跑去县城看我，学校的门卫大叔对我们从不宽容，家长来了也必须经过领导同意，你们俩却也神奇，不但可以自由出入，还打起了草坪里的野菜主意。

然后老太太便专心地在草坪里挖野菜，你便坐在门卫大叔的位置上和他侃侃而谈，中午的时候再被我的同学们簇拥着找到我的教室，给我一个大大的惊喜。

不得不说，你俩比我有人气。

那是唯一一次你只身跑来学校看我，给我带了入冬加厚的被子，还有老太太装好的水果。中午我带你去吃米线，你说这个面条挺滑溜，好吃。

我把辣椒酱推到你面前，怂恿地提醒你道：“我奶不在，今天可以吃。”就像小时候一样，你推着我的小车一出门我便会好心地提醒你：“爷，你快抽烟，我奶不在。”我俩相视一笑，彼此很是默契，你舀了很多放到碗里，米线汤上面立马漂浮起一层红红的辣油。

“千万别告诉你奶啊”说完你便低头吸了一大口，可没吃几口便咳嗽个不停。你明明气管炎那么严重，我的纵容就是害你，可你怕浪费，还是把那一碗都吃了。老太太后来说你回家就开始咳嗽，至今我都没敢告诉她，辣椒酱是我给的。

高考前几日，我再三嘱咐道：“你们谁也不许去现场。”你们全部答应了，可谁也没做到。

我姑后来笑着说：“别看他平时走路都打战，可一提到你要考试那比谁都心急，我和你奶都追不上他，一个人在前面走得嗖嗖的（家乡话，走路带风，形容很快的意思）。”

高考后的三个月，我报了驾校，完全寄宿在了你的家里。你看电视剧，我便偏要看动画片，我奶帮腔道：“孩子能在家待多久？”你便乖乖地把遥控器给我，时间久了，后来干脆我一到家你便直接把遥控器扔给我。这点您比您儿子做得强多了，抢遥控器这事儿上我经常得费三寸不烂之舌才能说服他让给我。

你的耳背开始初露端倪，你开始很大声地讲话，有时候是在凌晨，我奶数落你：“一会儿把孩子吵醒了，你小点声。”渐渐你没了声响，因为我的存在，似乎剥夺了你很大的自由。现在想想，发觉那时的自己真是任性，可当时，只有比你受宠的小小得意。

大学四年，每次归家必要在你家住上几天，还得带着老太太去楼下的公共浴池好好洗个澡，老太太身体很健康，只不过满头白发略显年老，人家浴池不让她自己进，只能趁着我归家的时候去。

你喜欢坐在窗口的位置等我们，这样才能第一时间给我们开门。你很懒，不爱下楼，最大的运动量就是从北窗户走到南窗户。

那一年，你开始大小便失禁。那时候其实你还可以下地走路，只不过腿脚不太利索了。老太太有些笑意地问你："老头子，你怎么就不能忍一忍呢？"你害羞地没回答，隔了很久才小声地说了句："没忍住。"

2014年的冬天，那是我记忆中最后一次带你俩出门，我带着老太太进白塔里面逛了会儿，你在公园门口等我们，因为你说走不动了，明明那时候我们才刚下公交车。

中午在一家刀削面馆吃面，你问价钱，服务员告诉你说："十三块。"那时候你耳背已经异常严重了，人家说了几遍你才听清，继而又在追问："那是十三块钱一碗还是十三块钱三碗？"我摆摆手示意服务员快走，也扯着嗓门和他喊："三碗十三块钱。"这次他听清了，点了点头，好像也没刚刚耳背了，嘴里小声嘟囔："三碗还行，要是一碗就太贵了。"我奶便在一边偷偷地笑，一遍又一遍地说："这傻老头啊，这傻老头啊！"

每次离家，和他说的最后一句话永远都是："爷，我走了，等我放假了再回来看你。"那次他的回答很是迟疑，隔了很久才想起回复了单音节的"啊！"那时他已经瘫痪在床很久了，腿部肌肉萎缩得厉害，大抵只剩下一些包骨头的皮，他说一动就疼，所以永远保持着一个姿势躺着，一躺就是一天，又一天……

当时的我并没有太在意，甚至没有再回头看他一眼，拿着背包便匆匆地离开了，从来没想过那会是我们爷孙俩之间最后的一句对话。

那天，我奶突然问我："你想他不，你想你爷不……"

突然眼泪泛酸，但我不能在老太太面前哭，隔了很久我才别开视线回复她道："想他干吗！"

我们都会经历至亲离开的这一天，小时候觉得它异常遥远，可长大后才知道有时生死只是一瞬间。

李同学给我们讲她的奶奶。

葬礼的第一天，她老人家一滴眼泪都没流，只是偶尔会趴在水晶棺旁边向里面望望，口中念念有词地说着："你也算解脱啦。"李同学他爷爷得的是胃癌，临死前遭了很多罪，不过一个多月的时间整个人愣是从一百三十多斤瘦到了八十多斤皮包骨。他奶奶看着水晶棺里爷爷的脸点了点头，说："这妆画得还行，脸看起来胖乎一些。"

便席就在殡仪馆的二楼，他奶奶吃了一大碗的饭，还招呼着一旁的老姐妹也要多吃一些。李同学的妈妈瞟了好几眼老太太，临下楼的时候伏在儿子的耳边小声地嘱咐："你好好看着你奶奶，别让她出问题了。"

李同学不明白他奶奶怎么此刻还可以笑得出来，手肘狠狠地碰了一下老太太，口气不善地喊了声："奶……"

葬礼的第二天，她老人家留在了家里，老姐妹们陪着，家人忙乎着葬礼的各种仪式，没时间顾她。

葬礼第三天，出殡仪式，遗体凌晨就要送往火化。半夜，守夜的儿孙熬了几夜都是沉沉欲睡的状态，远处却传来了脚步声，原来是老太太来了，她脚步走得很快，越过迎过来的儿孙，径直朝着水晶棺走去。

身后的老姐妹遗憾地摇摇头，说："她硬是要过来。"

老人家绕着水晶棺转了好几圈，大儿子走过去搀扶她，说："妈，您过去歇会吧！"

老人却突然趴倒在水晶棺上号啕大哭起来，口中一声接着一声悲痛地喊着老伴儿的名字。

李同学说，爷爷送去火化的时候，奶奶已经平静了下来，没有跟着送葬的队伍一同离去，只是坐在椅子上，目光毫无焦距地看着已经没有水晶棺的空地。

面对亲人的离开，你会经历迷茫、不敢相信、悲痛欲绝、怀疑、崩溃、后悔、接受、难过、恢复再到突然想起等多个阶段。我们会自责，自责对方活着的时候我们没有付出更多的爱，自责曾经的不懂事与伤害。

熟悉的屋子一下子变得冷清，欢声笑语似乎已是很久很久以前的曾经，那种痛彻心扉，那种空虚孤寂，只有经历过的人会懂。

李同学也问了我同样的问题："这么久了，你还会想他吗？"

当然想啊，可是生活总得继续，心里一直留着一个念想，他并不是真的离开，只是换了种方式存在，无论他在哪里，他都会希望我好，我又岂敢不好？

过年时亲戚集聚，大家笑啊、闹啊，偏偏没人主动提起你，但我知道，这个时候其实我们都在想你，只是这份想念埋在了心底。

不是不想你，只是不敢提起。想念其实无时不在，在触摸象棋时，在米线的热气升腾时，在撞见每一个与你有过美好回忆的相似场景时……

他可能从未说过爱你，但他比任何男人都爱你

那晚，我正准备去隔壁的大学上自习，愣是被车流阻挡了去路。

理工西门前面的人行道设得有些复杂，恰好是拐角处，没有红绿灯，能不能走过去全看司机人品。

已临近下班时间，路上的车子多了起来，冷风中足等了三分钟，这人行道也没能过去。学生早已放假，又接近年关，校门口显得有些冷清，等待过马路的只有我和一个刚刚走过来的身材偏胖的中年大叔。

他本来站在我的右边的，车子从我的左侧呼啸而过。

他很自然地绕到了我的身子左侧，一手示意迎面而来的车子慢一些，一边回头示意我一同和他过去，走到中界线，又出言提醒："小心看右面的车子。"动作如此自然。

我们一同大步流星地过了横道，他才放心地往左侧走，没一会儿便看他抱起了迎面走来的一个小姑娘，那估计是他的闺女。

这世界上最伟大的绅士估计就是爸爸，不为了表现，仅仅为了女儿的安全。

我竟在一个陌生的大叔那里，感受到了浓浓的父爱！

我和一学妹聊这事的时候，说了一句感慨："所有生了女儿的爸爸估计都是天使。"她听到这只轻轻地回了一个"哼"字。

这语气让人很尴尬。

我在手机上轻轻打出几个字："你还在恨你爸？"

她没回我。

这样不回微信便消失的事情还是头一遭，不过我能理解她。

学妹的父母在她很小的时候便分开了，她被判给了妈妈，爸爸很快另外娶妻生子，母亲却一直独身至今。各种因素的影响，她对她爸一直怀有恨意，这种恨意不仅来自于她母亲平常对父亲的抱怨与碎碎念，还来自于那个小她七岁同父异母的弟弟。

她妈妈不止一次对她表现出"你要是个男孩儿就好了"的思想，以至于她一直觉得是自己的性别才导致父母的婚姻失败，所以她平时打扮得便格外男性化。

六月的时候，学妹的父亲带着全家到学妹的城市旅游，顺便去学校看了学妹，见面的地方是学校门口的小餐馆。

那一家子坐在那里一个接着一个地问她的近况，学妹觉得讽刺，一脸不屑地坐在那里。年纪依然尚小的弟弟毫无察觉，一直追问她大学是否好玩？父亲见她兴趣寥寥，连忙打圆场地拿出一个袋子递给她，说："我和你妈给你挑的，也不知道合身不。"

学妹往袋子里面望了一眼，一件米色的纱裙，当场发起火来，说："你什么意思啊！"说完甩了袋子率先一步离开了，留下那一家子尴尬地接受着众人的"注目礼"。

很久之后再见到学妹的时候，她已经竖起了马尾，穿起了裙子，和以前的她判若两人，她给我讲了这个故事。

最后，那件米色的纱裙还是落到了她的手里，从宿管阿姨的手里接到的。袋子里面还放着一张纸条，纸条上用很工整且幼稚的字体写着："我姑娘穿上一定会很漂亮。"

那一瞬间，眼泪突然决堤，学妹突然想起幼稚园时的毕业典礼，也是她的爸爸，和卖衣服的阿姨磨了很久，花了将近一个月的工资给她买了那件她吵着要的粉色公主裙。

只是，后来她被仇恨与嫉妒蒙蔽了双眼，忘记了她也曾被他当作公主过。

这就是爸爸，他可能不爱你的妈妈，但他依然爱你。

想起《请回答1988》里的一段话："不管是在大门外所受的伤，还是在每个人人生所留下的伤痕，甚至是家人所带来的悲伤，最终站在我这边给我安慰的，还是家人……"

苏打绿曾给父亲写过一首歌，歌名叫作《小时候》，在歌曲前有一段长长的独白："不知道你们是不是跟我一样，觉得爸爸总是好严肃、好难跟他说心事。小时候，每个周末爸爸都会骑着车，带我到一个从来没去过的公园玩；但是，不知道为什么，长大后，我们几乎不讲话了，爸爸从来没有称赞过我、我也从来没有说过我爱他。但是幸好，在爸爸走之前，我们都说出了心里话，我永远忘不了某一天，当我要从医院病房离开前，爸爸突然叫住我，沉默了几秒，对我说：你……要加油喔。我点点头，转身后眼泪再也停不了……"

原来，深沉型的父亲远远不止我爸爸一个！

年少的时候不太懂他，总觉得他懦弱、胆小、脾气暴躁，没有一点符合合格父亲的样子。别人家女儿都和爸爸关系好，在我家却绝对相反。甚至如果他假设性地问我"如果我和你妈离婚了，你会跟谁"的问题，我也会毫不犹豫地选择王女士……

可……

甩完我巴掌之后，又在门外哄我的是他。

听说我利用午休时间在学校门外打工时，突然放下碗筷变得沉默的也是他。

不算富裕的时候，也舍得给我买昂贵的反季水果的是他。

听说我一篇稿子就有好几百块稿费收入时，突然兴奋地弹坐而起的还是他。

我的父亲，应该也曾为他的女儿而感到骄傲，只不过我只能在王女士的只言片语中得知他的想念与自豪……

每次给家打电话，他嘱咐的话语永远只有一句话："好好吃饭。"他对我所有的期望与关心都凝结到"吃饭"二字上面，四字抵千言，捂着疼痛的胃时，我才懂得父爱。

在他的世界里，其实一句"好好吃饭"，就是"爱你"。

"十一"的时候回家参加发小的婚礼，她的爸爸和我的爸爸很像，一个字形容就是"闷"。结婚前的最后一晚，作为伴娘的我在她家留宿，和叔叔阿姨聊天的时候，我采访了一下二老此刻的心情。

阿姨回："开心，巴不得她赶紧嫁出去。"

"叔叔呢？"

他只是笑，轻轻地点了点头。

婚礼当天，当新娘对着男方的爸爸喊"爸"时，没人注意到，在新娘的后方，有个男人在偷偷地抹眼泪。

原来那么深沉的父亲也会哭啊！在别人抢了他的手心宝的那一刻。

老胡是我的老板，有个十多岁的大闺女，公司年会结束那天，他特地跑到冷餐区拿了两块小蛋糕，说是要拿回家哄闺女，自己说着又笑了起来，说："多大的闺女都得哄。"

提起闺女，真的是一脸的宠溺。

晚上和老妈通电话，她和我聊起前一晚我发在朋友圈的照片，说："我和你爸说你发照片了，他立马跑去拿起了放大镜，一直问我在哪呢？"

印象中深沉又严肃的爸爸原来是这个样子。他可能从未说过爱你，但他却比任何男人都爱你。

这一句爱你，在童年自行车的后座上，在生病时温暖颠簸的怀抱里，在烟雾缭绕的白雾中，在每一个你看不见的时刻，这一句无言的爱你，抵过千言万语。

所谓“闺蜜”

是不是女孩子生气都喜欢泼东西啊？

原本我以为只有电视剧里才会这么演，谁曾想前几天竟然“有幸”目睹了一次。

家住在大学附近最大的好处就是可以经常跑回学校里面蹭蹭饭，那日也是。

那天是周末，去的是一家重庆鸡公煲店，当时大约十点多钟。因为距离中午还早，所以吃这么重口味食物的人比较少，店里除了我之外，只有一对情侣和两个姑娘，我就坐在两个姑娘的旁边一桌，原本插上耳机打算追集电视剧的，可旁边桌的一声怒吼却成功吸引了屋内所有人的注意力。

“XX，你什么意思啊？”说着姑娘A在桌子上放下一部手机。

姑娘B一脸懵的状态，手里还拎着两杯刚刚从外面买来的珍珠奶茶。

姑娘B坐到座位上，拿起那部手机查看了一下，继而气愤地抬头，说：“谁允许你碰我手机了？”

姑娘A忽然冷笑了一下，说：“XX，你可真行，亏我一直把你当成最好的闺蜜，你就这样对我的？”

两人又你来我往地唇枪舌剑吵了好半天。

都说看热闹不嫌事儿大，我一边嚼着鸡肉，一边观战，从她们一来一往的对话中，大抵上弄清楚了整个事情的来龙去脉。简单点讲，就一狗血的“三角暧昧”故事。“A喜欢上一个男孩，那人和A、B两人都很熟，A把这件事情告诉了B，原本是希望B可以帮她促成这段姻缘的，结果B不但没有帮忙，反而还在私底下偷偷地和那个男孩联系了。”

“你还有完没完，别忘了你们还没在一起呢，怎么别人连和他说话你都要管了？”

B的这句话着实是把A惹怒了，A气愤地从椅子上站起，恶狠狠地留下两个字：“你行。”

A的背包碰到了桌上的那杯奶茶，“砰”的一声落地，一片狼藉，满地滚动的黑色珍珠。A动作微微迟疑，但依然没有停下来，推开门走了，剩下B自己孤独地坐在那里，可能是委屈吧，也可能是气愤吧，她一扬手，另一杯奶茶也碎了。

两个姑娘的友谊，就因为一条男孩的微信，便如同地上的珍珠一般滚了满地。

所谓“闺蜜”关系，没想到如此不堪一击。

但如果真是这样，你就太小瞧“闺蜜”了。

如果是真正的闺蜜，宁可失恋一百次，也不愿错过她一次。一个男人而已，算得了什么？

可近几年，却有越来越多的人顶着“闺蜜”的头衔在毁闺蜜。

打开知乎首页，搜索栏输入“闺蜜”一词，第一条是：“被闺蜜抢男朋友是怎样一种体验？”

“闺蜜”似乎成了安放在身边的定时炸弹。

不得不承认，的确有些女生之间的友谊经不起丝毫考验，但也会有那样一种友谊，无论何时何地，无论远近高低，她都不曾离去，她成了家人一样的存在，虽然你们没有任何的血缘关系，这才是真正的“闺蜜”。

竟然讲到了此处，我就不得不夸夸我的闺蜜。2007年，我们认识，至今整整十年，十年吵过嘴冷过战，甚至绝过交，但还是吵吵闹闹要好了十年，下一个十年我们依然会在一起。

但并不是所有的闺蜜都可以这样要好十年。

上学的时候整天混在一起，友谊其实很容易保持下去，但随着时间推移，随着大家各奔东西，周围环境的转变以及交际圈的不同，友谊慢慢似乎也变了味道。

两人之间错究竟在谁呢？

其实谁都没错，只是原本和你乘坐在同一辆列车里的她率先下车了而已。

有时候，友情和爱情一样，也需要经营，就像恋爱的时候需要定下恋爱守则一样，闺蜜之间也该定下“闺蜜守则”，但这一守则并不是写在纸上必须执行的条款，而是放在心里时刻谨记遵守的原则。

闺蜜守则1：有事没事联系她，需要的时候陪伴她

你是不是也有过这样的疑问：“为什么曾经那么要好的朋友，现在却成了点赞之交？”偶尔还会有这样的情况发生，一个久不联系的曾经的好朋友某天突然联系了你，那一瞬间你有的不是欣喜，反而会害怕她是不是有什么事情想要拜托你？

你们曾经明明那么要好，明明无话不谈，可现在却只能通过朋友圈了解对方的动向，通过猜想了解对方的企图，这是为什么？

其实任何关系都是打扰出来的。

在关系交往中，总得有一个人率先主动一点，但关系的维持也需要你来我往，一方面付出的情感，太容易因为一方的放弃而断开联络。距离并不是两个人疏远的真正原因，互不打扰才是，慢慢断了联系，也就慢慢没了关系。

再者便是在需要的时候陪伴她。

最好的朋友之间安慰的最佳方式就是陪伴，无须多言，只要告诉她你一直都在就足矣。一学妹S大三的时候，母亲意外身亡，她虽难过但还是故作坚强地每日照常上课吃饭，寝室的姐妹不知作何安慰，便默契地选择了避谈家人的事情，还变着法地对她好，这些S都看在眼里记在心里，直到临近毕业的时候，她才抱着寝室的姐妹痛哭道："要不是你们的话，我可能根本没办法从那件事情中走出来……"

陪伴才是加深友谊最有效的催化剂。

闺蜜守则2：离对方的男朋友远一点

虽然说"朋友的朋友便也是朋友"，但切记，一定不要把闺蜜的男朋友当朋友，因为朋友之间发发微信，聊天吃饭很正常，但和闺蜜的男朋友发微信，聊天吃饭却很不正常。千万不要打着"都是朋友"的旗号，做着闺蜜会不开心的事情，即使你们真的没有什么。

为什么网上会有"闺蜜抢了男朋友"的新闻频出？最主要的问题就在于"男朋友与闺蜜"之间越界的相处方式，没有开始才不会有结局。

我们一生会遇到很多人，但却只有极少数人，甚至就那么一两个成了我们的闺中密友，两个人之所以能够从朋友变成闺蜜，必然是有相似的三观，这样的情况下喜欢上同一个人也很正常，但是喜欢又怎样？喜欢就可以放飞自我地去争去抢吗？

所谓的“闺蜜”，愿意和另外一个人分享生活点滴，两人要好到仿佛遇到了世界上另一个自己，但这世界上不是所有的事情都可以分享，比如男朋友。

而且这个男人抢走了你的闺蜜，这根本就是情敌啊。

对待闺蜜男朋友最好的办法就是把他当作闺蜜佩戴的一条昂贵首饰，夸夸漂亮就得了，干吗非得拿来自己戴呢？

闺蜜守则3：当面可以随意争吵，背后要坚决维护

发现闺蜜在背后吐槽中伤自己，而导致友谊破裂的情况不在少数，“背后捅刀”是闺蜜相处之道中最大的禁忌。

最好的闺蜜，不是当面不争吵、遇事无分歧，而是无论我们当面怎么撕破脸皮，背后都不会说彼此一句。说句霸气的话就是：“只有我才可以欺负你，别人都靠边去。”

看《小时代——刺金时代》的时候，有一幕真的哭成了狗，唐宛如因误会南湘抢走了自己的男朋友，两人在街角撕了起来，过程中南湘遭追债人偷袭，刚刚还和南湘撕得你死我活的唐宛如立马放下刚刚的仇恨，转而和南湘站到统一战队上，为她打架出头……

电影的好看不在幕布后面，而是看到画面的时候联想了自己，联想到了闺蜜。

闺蜜守则4：对方比你优秀时，为她高兴而不是嫉妒她

出了学校之后，闺蜜之间的关系渐渐疏远，很大的程度也在于彼此之间的差距，总会有一方比另一方工作更好，或者嫁得更好，这就难免会产生嫉妒心理。你会有这样的疑问，为什么我们明明关系那么好，看到对方好还是会产生嫉妒心理呢？

有一句说得好："乞丐不会嫉妒百万富翁，但会怨恨比自己收入多的乞丐。"同水平的人之间才更加容易产生嫉妒情绪，闺蜜原本就是处于同一水平与自己关系最密切的那个，一旦这种同水平状态失衡，难免会出现嫉妒情绪。

首先，你应该诚实地接受这样的情绪，因为它属于人之常情，无须难以启齿，你甚至可以光明磊落地告诉你的闺蜜，你的"嫉妒"。

其次你要调节好自己的心态，同时要透过本质反看现象，她为什么工作好，工资高？是不是因为比你的努力更多？她为什么嫁得好？难道仅仅因为幸运吗？

而且，她如果那么好，能和她做好闺蜜的你是不是也被证明足够好呢？

面对好闺蜜比你优秀的这一现实，应该为她高兴而非嫉妒她；或者就学习她，努力向她看齐，当然，这并不代表要模仿她，只是努力让自己变得更好。

看《垫底辣妹》的时候，我见到了友谊最好的样子。三个学渣好姐妹发现沙耶真的开始认真学习准备考大学的时候便主动提出："我们已经不想和你一起玩了。"沙耶反问："是讨厌我了吗？"朋友摇头，说："不可能讨厌的，不管谁说了什么都坚持努力的你，超帅气。我们真心希望你能及格……"

宁愿失去她，也希望她好，这才是真的好闺蜜。

说到底，真正的闺蜜究竟是什么？

真正的闺蜜，是既禁得住男朋友的考验，又经得起时间的沉淀的人。

真正的闺蜜，是结婚时想让她当伴娘，生孩子了想让她当孩子干妈的人。

真正的闺蜜，是不管距离多远，都会挂念的人。

真正的闺蜜，是困难时无须过多解释便愿意把钱借给你的人。

真正的闺蜜，是把你的家人当家人，朋友当朋友的人。

真正的闺蜜，是没有血缘，无须证件便可以相伴一生的人。

真正的闺蜜，一起见证彼此的成长、成熟到老去，在对方的葬礼上可以描述这一生的人。

如果你不相信会有这样一个人的存在，那么真遗憾，只能说你还没有遇到这样一个“真正的闺蜜”。

第八章

一个人，也要努力生活

当我谈走路的时候，我想谈些什么？

我今生最羡慕的就是那些体格健硕，可以在运动场上大展拳脚之人，奈何自小就体弱多病，体育不好不说，走路甚至都可以左脚绊倒右脚。喜欢运动，却不擅长运动，又执拗地坚持运动。

当然，我的运动方式比较另类，说起来容易被人嘲笑——走路，最简单原始的运动方式。从2005年8月至今，两年又两个月，偶尔散漫之外，多数时间走路上下班，单程需行走30-40分钟，特殊状况除外。坚持久了，已习以为常，今日仔细回想，却发觉已是满满收获。

1.时间观念

我是公认的“踩点王”，坚持按点下班不说，我还坚持按点上班，不早到的同时，我也绝不迟到（当然也有例外），这一点其实很难把控，同事们经常迟到的原因多数是由于某些不可抗力因素，比如堵车、天气不好……走路却不受其影响。比如我，八点上班，我单程的时间是30-40分钟，我只需将出门的时间控制在7：20-7：30之间即可，当然可以早些出门，如果晚于7：30，那么便要当机立断地选择其余的交通方式。

以此类推，可以推算出最晚的出门时间，可以根据自己的洗漱时间，再推算出最晚的起床时间。

一个人的时间观念都是通过类似这种生活上的习惯来养成的，对时间有概念的人才会对生活及工作有概念。

村上春树在长达四分之一个世纪里日日坚持跑步，他曾在随笔《当我谈跑步时我谈些什么》中提到："我想，年轻的时候姑且不论，人生之中总有一个先后顺序，也就是如何依序安排时间和能量。到一定的年龄之前，如果不在心中制定好这样的规划，人生就会失去焦点，变得张弛失当。先稳定生活的基盘，余项事物才能渐次展开。"

生命的长度如果按照一百年计算，那折合成天数也不过只有三万六千多天，人类在现有的科技水平下依然无法背离活一天便少一天的生命规律，在此基础上，懂得利用时间的人似乎活得更加有意义。

2.思考

我喜欢在走路的时候塞上耳机，放自己喜欢的音乐，边走路边进行思考。当然，早晨和晚上想的事情并不一样。上班的路上一般会在脑子里过一遍一天的工作规划及安排，在脑海里形成条框，这样便可以最为合理地利用时间，最有效地开展工作。其实，这点还主要得益于我的"懒"，我至今都没有一个完整的笔记本，总是习惯性地把东西记在纸上，然后随处乱扔，上学到现在一贯如此，想当初文综成绩低于平均分看来也是有原因的，但幸好走路时的这一习惯拯救了我。

归家时又是另外一种思考。最喜欢下小雨的天气，我可以打着伞漫步在雨里，听雨声滴答滴，看匆匆走过的人群，观察他们的表情，想象他们身上正在发生的故事。也喜欢漫无边际地走在落日余晖中，耳中听着闯先生的电台，听他发问：“你在哪座城市，留下过怎样的记忆，又怎样轻轻说声再见？”最好是有公交从我身边经过，里面有黑压压的人群，车子晃动着身子，如同随时可以爆炸的面包一样缓慢离去，想象着车里的人或皱着眉或噤着鼻，而我却可以呼吸着新鲜空气，享受着一个人思考的美好时光，如此甚好。

一天最愉悦的时光就是此刻，没有工作，没有人际关系，也没有烦恼与坏脾气。

当城市的生活节奏逐渐加快，人们在在乎物价、在乎工资、在乎人际关系之中渐渐迷失了自己，所谓的迷失更多的在于不自知，我们可能了解别人，但我们却甚少在乎过自己。

偶尔你也需要这样一个可以自我思考的时间，回到我们内心深处，找回最本心的东西。

3.知识

还有人私信我这样的问题：“你一天看起来好忙，什么时间看书呀？”

“我走路的时间呀！”

纸质书是书，电子书是书，有声书也是书。当然，我这人声控，对主播的声音还是有很高的要求的。单说今年，除了每期必听的音乐类节目——《民谣在路上》以外，我还听了三本有声书，三档民国史以及无数篇中英散文。

听觉记忆有时会比文字更有穿透及影响力，所以走路的过程中也是收获颇丰。这是走路带给我的第三个收获。

4.勇敢

天气开始转冷，夜晚来得也早了，下班的时候再不是踩着落日，而是开始伴着星辰。我有很严重的夜盲症，因此害怕黑夜，但最近却越加的没了感觉，并非可以看清了，而是不再惧怕黑夜了。

路总要学着自己走，不能指望别人来牵你的手。

之前有一个防狼喷雾旅行的时候被安检没收了，所以最近准备重新入手一个防狼用具。勇敢并不是莽撞，而是教会你如何正确地变坚强。这是走路带来的第四个惊喜。

5.希望

生活看似两点一线，但在走路的时候，这个世界却一直在变。因为从未停下，所以才知道自己一直走在前进的路上。

就像每周追的综艺或是韩剧一样，心里一直在期待着下一期或下一集，生活因为有了盼头，所以有了努力的动力。驴子拉磨的时候一定要把它的眼睛蒙上，这样它便会有力气地一直走下去是一样的道理，因为它的心里有那么一个远方，它觉得可以走过去，它便不会停下，不会放弃希望。

因为走在路上，看到华灯初上，看到行色匆忙，看到这大千世界的千千万万，因为生而找到了活下去的力量，那就是希望。这是走路带给我最大的影响。

走下去，总会抵达远方。

读书未能让我屌丝逆袭，为什么我还要坚持？

首先我得承认，读书这件事情并没能让我有所成就、屌丝逆袭，我依然还是个公司小职员，拿着微薄的薪水，过着简朴又辛劳的日子。

但是我依然感激阅读。

这不是一篇鸡汤类文章，只是给你讲几个小故事。

从小到大我读了很多书，虽然这些书里面也包括韩语课本以及导游资格证丛书，但实际上它们最终都被堆砌到了角落里，落上了厚厚的灰尘，常读的只有各类文学作品，看似没什么用，实际上也的确没什么用的东西。但是这些年过去我依然在坚持阅读，而且在等待厚积薄发的那一瞬。

儿时，我的天空只有一亩二分田地，高中之前我甚至都没有出过我们那个小县城，我对于外面世界的好奇与认知多数来自于那些书海中的文字。

我的小学，全班一共13人，全校不足百人。我的班主任既要教语文，也要教数学，此外还得充当美术老师以及音乐老师，20世纪

90年代的乡村教育就是这样。

我的第一本书并不是家长买给我的，而是叔叔送给爸爸看的，路遥的《平凡的世界》，那年我应该只有10岁，小学三年级，字还没认全的年纪。当那本书翻到第八遍的时候，我的小学生活结束了。我整个的童年似乎只有一本书陪伴，因为囊中羞涩，呵呵。

如今它依然收藏在家中的书架底层，边角的位置有些磨损，用了黄色的胶带进行了修补，以后或许我会把它当作宝贝传给我的后代。

没有为什么。

初一的时候有堂语文课，我记得特别清晰，老师问大家，中国古代民间四大传说都是什么？大家均是一脸茫然，只有我很骄傲地举起了手，《白蛇传》《牛郎织女》《梁山伯与祝英台》和《孟姜女哭长城》。那四个故事我刚刚在某本书上看过。

那堂课课后语文老师找了我，她说她是我爷爷的学生，之前还在一个办公室里工作过，几年前她见过我，她还夸我说不愧是语文老师的孙女……

爷爷家就在中学旁边，教师分配的房子，面向学校那侧有个小屋子，里面有个棕木的柜子，里面全是出版年代稍久一点的书籍，他当图书管理员的时候从图书馆拿的，这点你可以忽略掉，毕竟那些书最后都被我看了。

如今的书籍盗版太多，缺少了那种古书上的书香，那种味道很难形容，很像松子与树皮的混合香味，那种香味让我爱上了阅读。

初中的零花钱终于充裕了许多，百分之八九十买了各种各样的书，当然更多的还是看正统的名著以及励志书籍，那时候会抄写保尔·柯察金的语录，会背诵徐志摩的情诗，当然最喜欢我偶像晓溪姐的言情小说，那会励志以后非尹堂曜那样的男人不嫁，也挺喜欢《傲慢与偏见》里的达西。

2005年，家里有了CD机，所以买书的时候会买那种赠送CD的版本，有几部还是黑白色的老电影，虽然如今我也忘得差不多了。

第一次接触情色文化也是在书里，村上春树《挪威的森林》，那是看过的第一本日本文学，也是细节描写很露骨的一本，虽然如今再次回头翻看，根本无法将其判定为情色化，连王小波的作品都有过之，只是对于当时年少的我来说，有些冲击。

我妈其实从来都不翻看我的东西，但是心虚啊，所以就将那本书换了个封皮放到书架里，现在回想都觉得好笑。

其实学习好与读书多应该是两个概念，我会羡慕每一个热爱阅读的人，但不等同于我认可那些学习好的人。

这些年旅行，闲逛过一些名校，感受了一下那里的氛围，其实我有些后悔。如果给我一次重来的机会，或许我会选择更努力一点。

既然时间无法给我一次重新努力的机会，那么我如今能做的唯一的事情就是多读书来充实自己。

俞敏洪说："读书给你带来三样东西：情怀、胸怀和气质。"

关于情怀：

诗和远方就是情怀，梦想与坚持也是情怀，听说情怀是指怀有某种感情的心境，而我想，这种心境一定也是美好的。

关于胸怀：

胸怀可以让你对这个世界善恶美丑的理解力胜过眼睛的判断力，它可以让你发现并欣赏美好的事物，并且有的时候也能够原谅那些丑恶的事情。

关于气质：

关于这一点应该讲一个小故事，就发生在不久前，那天临时被安排跟着大Boss去参加一个企业家高峰论坛，参会人员均以正装出席，而我那天因为刚刚从高校回来，所以当天穿的是牛仔服加运动鞋，万黑丛中一点蓝，就是那样一个画面，最关键的是，在现场提问环节我还勇敢地举手了。

我妈常说一个词叫作“穷家富路”，这个社会好像就是这样，有钱才会觉得说话硬气，才会觉得说话受人尊重，才会腰板挺得笔直……当两个阶级层面相撞的时候，应该以什么样的一个姿态去对待？卑躬屈膝的？还是低人一等的？

这是我常常要面临的问题，幸好，脑中的墨水，让我能够以一种更加健康不仇富也不自卑的姿态去对待我所面对的一些所谓的“高端人士”。

众人爱美，我也爱，看到漂亮女孩儿微笑，我也愿意为其倾倒，阅读带给你的气质不在于肤白貌美大长腿，仅仅在于你对待生活的一种可以保持自我的乐观态度。

生活绝不会亏待一个对生活充满期待、乐观又积极的人。

你不幸福
是因为做错了选择吗?

临睡前最后一次打开微信的后台界面，新消息处连闪了几下，是一个叫作“蕊儿”的女孩给我发来的私信，她说：“我被求婚了，现在很迷茫，不知道怎么办才好。”

为什么一个被求婚的女孩会感到迷茫呢？我不解，在接下来的对话中我找到了答案。

蕊儿和那位向她求婚的男孩是经亲戚介绍认识的，两个人认识也快一年了，男孩比女孩大了五岁，结婚问题上比较着急。而蕊儿却觉得一年时间并不足以了解对方，这样草率地结婚了要是以后不幸福该怎么办？另外最关键的一点是，她并不是很喜欢对方，只是觉得对她不错可以试试，但感情都培养了一年了，依然找不到见到喜欢的人的那种脸红心跳的感觉，如果真的草率地结婚，万一再遇到喜欢的人怎么办？

在她讲述的过程中，她还跟我讲了她表姐的故事。蕊儿的表姐当年也是三十多岁未婚嫁，最后迫于家庭方面的压力，草率又随便地嫁人了，可没两年就因关系不和等诸多原因走向了离婚的道路，还因财产分割问题产生了矛盾，甚至闹到两家人僵裂的地步。表姐每次见她都会语重心长地劝她一定不要步入自己的后尘，这样一想她就觉得婚姻非常可怕，所以结婚一定要非常谨慎才行。

总结起来就是两点：一是现在的感情并不是她期待中最理想的那一个；二是她怕今后会不幸福，所以宁愿不开始。

万事讲求因果关系，太多人因为一开始的不喜欢，演变成了后来的不幸福，但真的是因为不喜欢，所以直接造成了不幸福吗？真的是因为当初退而求其次的选择，而导致如今的一败涂地的结果吗？

我想未必如此。

“退而求其次”出自曹靖华的《叹往昔·独木桥头徘徊无终期》，原语句这样写道：“凡事往往不得已而求其次，鸿沟上没有桥梁，只好绕道东京了。”

从表面意思我们不难看出，绕道去东京，虽然没有采用最理想的方式，但想要的结果依然达到了，这才是真正的“退而求其次”。

所以你要知道，不是为了结婚而结婚，而是为了幸福而结婚，选择一个喜欢的人或者是一个没那么喜欢的人，最后的目的其实都是为了幸福。所以你也要明白，和喜欢的人结婚也很可能不幸福，和没那么喜欢的人结婚也很可能非常幸福，因为喜欢和幸福虽然直接挂钩，但二者之间并不是决定性关系。

忘记哪部影片中有这样一个片段，司机和乘客聊天，说昨天自己家的电视机坏掉了，儿子直接买回来一台新的，顺手便扔掉了旧的那台。乘客笑着回他：“毕竟买比修快嘛！”司机苦笑道：“是啊，所以你们年轻人呢，做事情就跟扔电视机一样，遇到问题最先想到的方式就是逃避放弃，而不是解决它……”

那一刻我好像突然领悟了为何现代年轻人的离婚率会比我们父辈

的那一代高出很多。

其实，任何事情都是同样的道理。太多年轻人容易陷进既定思维的误区，一旦某件不幸落在头上的时候，第一个想到的不是如何去解决，而是追悔当初本不应该。

如果当初没有听从父母安排草率地结婚，是不是就不会有如今的不幸了？

如果当初选择了喜欢的新闻专业，是不是现在就不会如此默默无闻了？

我想说，真的未必如此。没有这个不幸，还会有另外的不幸等着你，人生每做出一个选择，便一定要面对相应的风险。这个世界不会有十全十美的选择，也不会有真正完美的理想人生。人生其实就在于这不断选择不断试错的过程。而在这个过程中，真的造成不幸的，绝不是当初退而求其次的选择，而是你不断后悔的此刻。

对于此刻正在面临人生重要选择的人，我只能给出4点小的建议：

1.对于你接下来想要做出的选择，想到选择它之后可能造成的最坏结果，如果可以坦诚地接受那个结果，那就选择它。

很多年前，我在某个网站上发起过一个投票，投票的题目是：如果最后注定你们要分开，那这段恋情到底还要不要开始？

投票的结果我忘记了，但是我还记得我自己的选择：如果我真的喜欢他，我会选择不开始。因为我接受不了这样的结局。所以那时候的网站签名会是“害怕失恋，所以单身”这样的句子。

所以，当你很难做出某个选择的时候，不如假设一下它的后果，如果最坏的结果都能够坦然接受，那就不要纠结了。

2.如果不知道自己真正想要什么，那么就排除掉那些自己完全不想要的。

某本营销书籍里介绍了这样一个例子。冰激凌试验，其中一组口味较少，一组口味繁多，试验结束后发现，口味较多的那组反倒销售不佳。

这也是我们在选择的时候最常面临的问题，似乎什么都想要，却又不知道自己真正想要的是什么，所以常常有人会自嘲性地调侃自己有“选择困难症”。

既然你不知道自己想要什么，那么就想想你不想要什么吧！

偶尔有时会很孤独很寂寞，也会面临和蕊儿一样的困惑，想着要不要就找一个对自己好的人嫁了算了？但有件小事让我明白这种选择绝不是自己想要的。每天早晨经过公司楼下的移动早餐车时，总要上前问一句：“还有没有油条。”得到最多的答案是：“卖完了。”更神奇的是，她们还会补充下一句：“不过有麻花，要不要买这个？”

不同的摊位不同的人员，却都跟我说了同样的一句话：“没有油条，但是有麻花。”

或许是她们的营销方式，但我真的不明白，“油条”和“麻花”之间到底有什么关系呢？

我每次都摇摇头直接离开，那一刻我便知道：即使我吃不到油条，我也绝对不要吃麻花，因为我不喜欢它。

麦兜说：拿着包子，我忽然明白，原来有些东西，没有，就是没有。不行，就是不行……

3.别人的经历只能提供借鉴，真正的选择你还是要听从自己的内心。

1991年5月的一天，铁凝冒雨去看冰心。

冰心问她：“你有男朋友了吗？”

铁凝回：“还没找呢！”

当年已是90岁高龄的冰心对铁凝说：“你不要找，你要等。”

那一年，铁凝34岁。

2007年，50岁的铁凝与著名经济学家、燕京华侨大学校长，54岁的华生喜结连理，用了整整50年终于收获到了爱情，用了整整16年验证了冰心预言过的话语。

很多人用这个故事告诫姑娘们，等是可以遇见幸福的，但没有人想过，像铁凝一样能够等到爱情的概率有多少？

所以蕊儿表姐的故事也一样，幸与不幸，其实不是旁观者的经历可以决定的。

当你做选择的时候，一定不要把别人的经历转嫁到自己身上。你要知道，选择都是关于未来的事情，而能够决定这件事情的未来走向的，只有你自己。

4.永远别忘了当初做选择的目的

我问蕊儿：“既然不想和他结婚，那当初为什么还要和他在一起？”

她的回答简单明了，说：“因为他对我好。”

我继续追问道：“那他现在对你不好了吗？”

她回道：“那倒没有，只是……”

她没有继续回答下去，但我也基本弄懂了她的意思。

这是关于“贪婪”的本性问题，我们常常忘记我们当初想要的是什么，而不断地要求别人能够给予自己什么，来者不拒，而且越来越挑剔。在这个不断地索取过程中，你便失了本心，走得有点快。但无论何时，也不能忘了当初为何而出发呀！

人生的精彩之处，就在于这大大小小的人生选择，因为有了选择，才有了今天这样的自己。后来再回想的时候，无论你会不会后悔，它都是我们的经历，融入记忆无法分离。

所以呀，世间根本没有所谓“错误”的选择，只有不敢迈出步子的胆小鬼。

为什么更应该
和懂得自律的人交朋友?

有三类人让人感到头痛：闹钟响了坚决不起的人、不守时的人、不信守承诺的人。如果是我，我会根据关系亲疏选择原谅与否，如果恰好关系不到位，那就很难变得更加亲密了。

说到底，这三类人都是那种自律性很差的人。反之，我倒更喜欢与那些懂得自律的人交朋友，知道为什么吗？估计原因有三。

1.自律的人，浑身充满正能量

今年我26，还有四年就30岁，我不知道自己的30岁会是什么样子的，但我希望可以像陈意涵和张钧甯那样。

看《花儿与少年》的时候着实被陈意涵圈粉了，一不留神就倒立，别人还在睡梦中的时候她已经迎着日出晨跑去了，明明30大几却又有着十七八岁姑娘的干净笑容，她做了很多疯狂的事情，刺青、裸泳、亲吻陌生人，但她又几乎零绯闻，她只是认真又勇敢地做着自己，这样的姑娘怎么不招人喜爱。

想成为同样的人，就需要付出同样的付出。

有些人觉得自律就像框起来的格子，人站在里面畏首畏尾很拘束，一点不自由，这样的人生有何意义？

想起《克雷洛夫寓言》中的一篇关于马和骑师的故事。

一个骑师的马儿经过了彻底的训练，骑师扬鞭，马儿便可被他随意支配，他说的话，马儿也都能听懂。骑师认为“给这样的马加上缰绳是件多余的事情”，所以在某天骑马出去时，便解开了马儿的缰绳。马儿在原野上奔跑，一开始并不快，但当它发觉身上没有束缚之后，越发地大胆起来，全然不顾主人的斥责，越来越快地飞驰在原野上。

骑师想把缰绳重新套在马头上，但是已经无法办到，狂奔的马一路狂奔，甚至把骑师摔下马来。它依然没有停下的意思，像一阵风似的，不辨方向，一股劲地冲下了山谷，摔个粉身碎骨。

骑师悲痛地大叫道：“是我一手造成了你的灾难，如果我不冒冒失失地解掉缰绳，你就不会不听我的话，就不会把我摔下来，你也就绝不会落得这样凄惨的下场……”

所以你看啊，没有缰绳束缚的自由并不是真正的自由，反而会将人引上不可逆转的绝境。

早起有什么意义？看书有什么意义？旅行有什么意义？控制饮食又有什么意义？

自由和自律就像天平的两端，倾向哪一方，人生都不会太圆满，同等的自律才能换来同等的自由。懂得自律的人，才会活得更加精彩，而这种精彩通常会以正能量的方式向你展示。

就像富兰克林说的那样：“我未曾见过一个早起、勤奋、谨慎、诚实的人抱怨命运不好，良好的品格，优良的习惯，坚强的意志，是不会被所谓的命运打败的。”

2.自律的人，更容易忍住欲望

朋友R给我发了张照片，让我在上面找出我们俩共同的高中同学L，我盯着手机仔仔细细地看了三遍，才一脸不确定地明确了L的位置，这还是当年认识的那个L吗？

照片中的男人比印象中的L大了可不止一个Size，我都记不清这是第几个发福的同学了。一边感慨他过得不错，一边感慨物是人非。

身材也是个人选择，我会表示尊重，但如果他是我的朋友，我一定会劝他赶紧减肥。美观只是一方面，随着年龄增长而概率激增的疾病可不止高血压和糖尿病。我并不会嘲讽一个发胖的人，但我肯定会问他为何要糟蹋自己的身体。

一口吃不出一个胖子，因为胖子都是一口一口吃出来的。相反，瘦也一样。

X估计是我认识的人当中最励志的那个，从高中那个扎着马尾一百二十多斤的小胖丫，到现在保持90斤左右的摩登女孩儿，那可真的是运动和一口一口饿出来的。对于一个易胖体质的人来说，保持身材其实比减肥还要困难。减肥成功并不代表一劳永逸，反而更要坚持长期少吃多运动来维持体型。所以常常都是我在啃鸡腿，她在旁边看着；我在吃薯片，她也看着……

一个懂得自律的人，能够忍住欲望，和这样的人相处，状态和距离都是最为合适的。你不必担心她吃独食，即便她特别喜欢吃那道菜；你也不必担心她会抢夺你的男朋友，即便她真的喜欢……

3.自律的人，更懂得什么应该什么不应该

不知哪天，微信上莫名加了一个姑娘，原本我以为她是我的读者，但后来才发现好像不是。

某天午夜她给我发微信，语气很焦急，内容很奇怪，她问我："你还能看T的朋友圈吗？"

三言两语的对话下来，凭借女生天生的第六感以及我多年的言情写作经验，即使不是百分之百，我也可以十分肯定地确认这个姑娘定是喜欢我的那位男性朋友的，估计还很疯狂，否则不会连我这种有一点关系的朋友的微信都加到了。

但可能我的那个朋友把她删掉了，所以大半夜她才会如此仓促地跑来问我。

我能够理解她那种想要了解一个人的疯狂做法，但是姑娘啊，对方已经有女朋友了呀！

谁没爱过几个有主的人呢？

但是，比别人晚到的缘分根本不算缘分。

《请回答1988》里这样来解释缘分："缘分是不会经常找来的，如果要用到缘分这个单词，必须是偶尔，很偶然地出现的戏剧性的时刻，那才叫缘分，所以缘分的另一个名字是时机。"

所以，其实爱上一个已有爱人的人并没有错，唯一错误的只是时机问题，但命运往往就是这样。

一个懂得自律的人，不会允许自己做出不应该做的事情。如果男人会因爱人而克制，如果女人可以因为道德而畏缩，这世界或许就不会出现"出轨"二字。同理，如果所有人都懂得自律，也许世界上就不会有暴力，黑暗与血腥……

关于自律，大抵应该分为三类人：极度自律的那类人，需要督促才能自律的那类人，烂泥扶不上墙的那类人。显然，多数的我们属于第二类。这也是为何我会说"更应该和懂得自律的人交朋友"，因为他们会督促我们成为自律的那类人。

吸引力法则里有这样八个字，“同频共振，同质相吸”。意思就是说：“振动频率相同的东西，会互相吸引而且引起共鸣。”

所以，懂得自律的人其实都是喜欢扎堆的。

和这样的人在一起，做更好的自己，何乐而不为?

如何在不成功的人生里泰然自若

GZ跟我说，她身边有个同学因为考博抑郁了，想到考试压力，她也失眠了半月之久，也快被逼成抑郁症了。

这件事不禁让我联想起我的一位小学同学。

他单字一个“平”，无论他父母当初出于希望他平安抑或是希望他平稳度过这一生的想法起了这个名字，他最后都辜负了这一名字。

2006年，中考，他以几分之差与重点高中失之交臂，只得勉强接受稍次一点的普通高中的录取通知书。

那一年，镇中学一共只有二十余人考上了重点高中，和学校事先估算的录取人数相差无几。以中考前的月考成绩进行估算，他原本也应该在这二十几人中的，但是世事无常。按照学校惯例，考试那天，学校会统一安排大巴接送学生抵达考点，为了节省那20块钱，他决定自己搭乘公交前往。

命运似乎从他搭乘公交的那一刻便注定了。

数学考试刚刚进行到一半，他便病倒在了自己的考桌上，后面的解答题几乎未动。其实不是什么大病，只是食物中毒而已，但却葬送了他的重点高中之梦。

其实他后来还是辗转去成了那所重点高中的，听说是他某位相关部门的亲戚帮忙安排的，但即使这样，还是花了他家里不少钱。涉及钱的问题，他都特别有原则，想到那每年几万块的借读费，他决定重返中学，复读重考。

彼时我们已经升入高二，他却重回初中课堂，为第二年的中考全力准备。

时光匆匆，一年转瞬即逝，我们都在等着他的好消息，结果却不尽人意。再一次落榜，再一次被那所普通高中录取。

我们升入高三的那年，他终于走进了高中课堂，原本以为他会因此塌下心来学习，三年之后在高考的考场上再一雪前耻。但是他没有，没过多久他又回去念初三了。

再后来，他因精神问题被学校劝退，再也没法完成他的“中考梦”。

几年前春节的时候，我曾在集市上见过他。因他当时样貌几乎未变，远远地我便认出他来，他也看到了我，大步地朝我走来，看样子并不像是一个“生了病的人”。

我摆摆手和他打招呼，他没有理我，只是狠狠地瞪着我。

“你怎么了？”我问得有些心虚，看他那样子似乎下一秒就能扬起拳头揍人。

“×××，你不就是考了个一中嘛，你牛气什么？”

我被他问得愣住了，不知道该怎么回答他，很明显他还“病”着，幸亏王女士及时赶到，护犊子一般拽着我远离了他。

王女士后来才告诉我，他曾不止一次跑到我家里面闹，至于原因其实很无厘头，就因为我是他的小学同学，那一届考上重点高中的二十几个人中他唯一能够找到家庭住址的那个，然后我便特别“荣幸地”成了他的假想敌。

如今，他可能依然每天在村头浪迹，把这一生都停留在了中考那一年，念叨着自己为什么不可以，别人又凭什么可以？整整十年，生命中本该是最美好的十年，就因为一个执念而毁于旦夕之间。

他不会知道，当年考上重点高中的我后来其实也并没有怎么样，不过考了个普通的本科大学，做了份平凡的工作，成了城市蝼蚁大军中最为普通的那一个。

他也不会知道，漫漫人生路，除了中考，还有很多的沟沟坎坎，比如高考，比如找工作，比如失业，比如亲人的离开，再比如家庭的离散……

相比而言，当初那个小小挫折根本不值一提，可他却再也没有机会去体味这些，再也没有办法去经历这个真实的世界。

如何在不成功的人生里泰然自若？其实本身这是一个伪命题，毕竟我们的人生都还很长，只要它未完结，便无法将它归结于“不成功的人生”的类别中去。只是相比身边那些太过闪光的成功人士而言，普通又平凡的我们往往稍显逊色，似乎便成了不成功的那一类人。

能在不成功的人生里泰然自若之人，我想当他成功的时候才会更加坦然，而非担惊受怕、惴惴不安。

“泰然自若”四个字本身便需要一种本事，它需要你既能保有初心，又要快速地适应周身环境，为此我有几点建议：

1.去外面的世界看看

去外面的世界看看，你便会发现，这个世界和你想象中的不太一样。

眼界局限，心里便只有那一亩二分田的位置，很容易钻牛角尖，很容易坠入迷途却不知返。

去外面的世界看看，当知道楼外还有楼，山外还有山的时候，或许对待自己的态度也会有所改变。

2.可以执着，但别执念

“执着”与“执念”，虽然只有一字之差，但其实差别很大。执着，是一种坚持不懈的处事方式，执念却很可能演变成了对某件事不达不休不可动摇的念头，这一念头如果是好的，也许会守得云开见月明；如果是坏的，也许迎来的便是万劫不复的境地。

就在十月份，青年作家胡迁自杀身亡。他生前最后的一篇博文定格在了9月3日，上面写着这样一段话：一个多月前看徐浩峰更新的博客，我盯着那句“一念之愚，千里之哀”愣了半小时。不是因为那会儿“千里之哀”了，是意识到这句话时，一切都已不可改变，早些年即便知道这个道理，也不会信，现在哀也没用。三月份在剧组时就听说了好几个自杀的，当时还没觉得什么，等我自己的电影在半年后没了才发现，都完了。

“一念之愚，千里之哀”，当我一次看到这句话时也愣了很久，不知为何就联想到了我的那位小学同学，如果当初他不曾执着于那个“重点高中梦”，现在一定也会过得很好吧？

太执着于成功的人生，最终往往走向了不幸。

论坛的提问环节，一个三十多岁的女创业者声泪俱下地讲述了她的心酸创业史，自己怎么有情怀，怎么有想法，怎么有创造力……最后一句才是她的问题：“为什么最后我还是失败了？”

老胡这样回答她：“不就是钱花没了，公司依然没做起来吗？

这不叫失败，因为钱还可以赚回来，而且通过这次经历你也学到了很多。就像你说的，你要自己设计，自己包装，还要自己去拍摄、去营销，公司的整个流程你都熟悉了一遍，权当你用这些钱交学费了，只不过你的学费比别人贵点，仅此而已。”

成功的结果固然重要，但我们为之努力奋斗的过程才分外的有价值。世界上绝不会有毫无意义的事情，努力即使看不到结果，但肯定也有间接的影响。

试着变通一下，说不定迎接你的是下一片碧海蓝天。

3.淡然地面对成功，坦然地面对失败

“淡然地面对成功，坦然地面对失败”，说到底就是一心态问题。

几年前，我的一位作家熟人因一本原创小说创下了不俗的网络点击量，其他网站的驻站邀请，以及影视改编的邀请函纷纷而至。成功似乎来得太过容易，不过随手一写的东西竟然会有这么多人买账？她似乎看到了白花花的银子以及无限光明的未来在不远处等待着她。她迅速辞了职，专心地投入到了网络小说创作中，但是却都不尽人意，全都不如第一本的成绩出色。

收入没有想象中的稳定，压力倒大了不少，外人眼里风光无限，实际的苦楚大概只有她自己体会得到。后来也的确出版了本书，市场的反响依然平平，终究还是没能变成自己想象中的样子，所以她才会发文感慨：“出本书，你就觉得自己是大神了？做梦吧！”不知道她究竟在说她自己，还是别的什么人？当时出于一种怎样的心境？但话糙理不糙，这的确不再是一个通过出本书便可以人生逆袭的时代了。

她懂这道理的时候还不算晚，只是代价有些大。

回到以前的日子吧，不甘心；坚持现在的梦想吧，似乎怎么努力都无法企及第一本所创造的成绩了。

在评论里，我看到了很多惺惺相惜的同类。

知乎上关于“如何轻易地毁掉一个人？”有这样一个神回复：无条件给他一直梦想得到的东西，然后短时间内收回。

所以，很多人毁在了无法安放的不良心态上。

“淡然地面对成功，坦然地面对失败”，这句话说起来容易，但实际操作起来却并不容易。无论成功与否者，后来都变得焦躁起来，未成功的急于成功；成功了的，害怕被人赶下神坛。

但人生就是这样啊，哪有什么永垂不朽的成功者？就连聪明的爱因斯坦也抵不过时间的折痕，这个世界注定是属于未来一代的。

泰戈尔说：“飞鸟从天空飞过，可它并没有留下痕迹。”但是没关系啊，至少我们飞过。

在不成功的人生里泰然自若，并不是让你因此怠慢生活，而是让你去发现生活更多的可能性。

活着的每一天，不再是本可以，而是我愿意，这就足矣！

后记

年龄是个好东西，27岁终于懂了26岁不懂的道理

生日，究竟意味着什么？

27年前。那是一声清脆的呱叫声，也是第一次对这个世界宣泄呐喊。此后的岁月中那个声音逐渐地衰弱下去。后来，它变成一碗加了荷包蛋的热汤面，变成了憨厚的毛绒玩具，变成了一份份细心准备的粉红色礼物。再后来，它变成了久不联络的朋友取得联系的日子，变成了世界打盹时突然想起你的日子……

生日，变得越来越没有意义，甚至经不起内心丝毫的涟漪，唯一还剩下的一丁点的仪式感，就是这坚持了数年不变的生日总结。照一照镜子，脸上也许并没有因为睡一觉而多出道皱纹，今天也不会比昨天长高两公分。“青春”二字，永远站在时间跑道的另一端，在这衰老于无形的时光里，你慢慢学会了与自己和解，慢慢学会了对世界宽容。

她还记得在做销售时接触过的一个客户，其实只接待过他一次，他当时只是无意中说了句："我母亲最近病了，所以来一次不容易。"那之后他便真的没有再来过。时隔数月，他又一次登门，聊天的时候她竟然还顺口问候了他母亲目前的情况。

他当时很惊讶，吃惊地表示没想到时隔那么久她还会记得这件小事儿，而后竟然还在QQ上发了长篇大论的感慨感激她。他说："我母亲生病了许久，很多人已经习以为常了我这种状态，已经很少有人还会关心和问候了……"

看啊，原来有时候人与人之间的交往并不一定要靠花式的语言技巧，也许真诚更可以打动别人。

她知道，世界上既然有那种处事圆滑的人，就固然会有如她一般心直口快的人，"道不同不相为谋"，对于和她不同道的人，敬而远之就好。

"如果你愿意了解我，我猜你会喜欢我。"这句话她用了许久，她说这是最能表达她心声的一句话。但是26岁的她告诉自己：并不是每个人都愿意了解你，愿意了解你的人也不一定都会喜欢你。

其实，这个世界那么大，又何必太在意别人的眼光？坚持做自己就好。

恍然记起励志成为作家的那个日落黄昏。那只是她中学时代中最为普通不过的一天。那一天，她窝在小床上啃一本言情小说，那本书她看了整整16遍，如今想来着实玛丽苏的剧情却让青春期的她悸动了一次又一次，就在那一刻，她暗暗发下誓言："某一天，我也会像她一样，成为知名的女作家。"

那个被她当成偶像崇拜喜欢了十多年的女作家叫作明晓溪，所以后来她才会给自己起了"独慕溪"的笔名，即解释为"独独爱慕明晓溪”之意。很多年后的今天，她早已不再迷恋言情，不再看明晓溪的作品，甚至有了别的作家偶像，但明晓溪在她心里依然有着别人无法取代的重量。

因为她，曾照亮她的梦想。

她原本以为，当时的自己也只是说着玩玩而已，可是一转眼，她竟已坚持逐梦了十余年。她告诉自己：当这段文字真的可以顺利以千字的形式传达到千里之外的那一刻，一定谨记，这不是梦想完成的最终式，而只是逐梦之路终于走上了正轨，梦想的道路还很长，就和你的人生一样，一样的沟沟坎坎、布满荆棘。但无论怎样，她都会如同16岁时许下愿望的那一刻一样，抱着虔诚，努力地往前走！

她的脸上有一道不小的疤痕，每次照镜子的时候不知道她是不是还会特别介意？那是她小时候因紧张躲避送葬队伍时不慎摔倒所留下的。

她从小便害怕有关“死亡”的一切，所以很遗憾，高中时的她未能参加姥姥的葬礼。

也是前年的这个月份，那是她第一次亲临“死亡”。一整晚都未能消化爷爷已经去世的消息，她从未见过，更没有概念，在回家的火车上她甚至还咽下了一整个汉堡。

直至看到路边摆放的丧葬用品，她的整个灵魂才终于被拉回现实。

殡仪馆透着很强的寒气，爸爸出来接她，身上披着令她恐惧的白布，大人们快速地为她披戴好，一进万古厅妈妈就命令她哭出声来喊爷爷。当时的她哭不出也喊不出，只是下意识地想要往回走……

没有这段经历之前，她从未真正懂得“离别”二字。后来懂了，离别是叫停的记录仪，从此，那个人只能活在你的回忆里。

爸爸有个酒友。她还记得，在那位叔叔葬礼结束后的那些天，爸爸总是饭吃很少，常常一个人坐在台阶上一支接着一支地吸烟。嗯，爸爸很思念他的朋友。

可是当时的她并不理解，反倒觉得庆幸，因为他终于不能再找爸爸喝酒了。很久之后再回想那时心里的小阴暗，不知她是否滋生了阵阵的悔意？肯定有吧，否则她不会对着墙壁深深鞠躬，为自己的大不敬默默道歉。

那天她将给爸爸妈妈买的新衣服邮寄回去，晚上打电话的时候妈妈正在试衣服，她说自己来不及洗漱就穿上了新衣服，这会儿正在照镜子……

突然有一阵心酸涌上心头。

随着年龄的增长，父母越加地成了心底的软肋，但这也将是她前进的动力。

所以，死亡才是最决绝的离别。

所以，活着便是最幸福的敬畏。

所以，若你所熟悉的人或事物远离你的生活，可以遗憾，但不要难过，他们只是去为别人制造记忆。而你们之间的每一个点滴，都是他们为你带来的惊喜。若你想留住的人刚好也一直陪在你身边，那么，请感恩相遇，然后好好珍惜，不是每个人每件事都能如此称你心意地陪着你。

为每一位已经与你分别或是将要与你分别的他们祈祷祝福吧，有生之年都带着一份希望对方过得好的心意，各自努力地好好生活；也为每一位伴你左右不离不弃的他们待以真心，不管以后将会如何，现在的每一个点滴都将是你们最珍贵的回忆！

27岁的小溪，还记得你26岁生日时许下的愿望吗？这一年，你是否以幸福为基点走过了自己想要的时光？那么27岁呢？

27岁，你一定要活成自己喜欢的模样啊！

原来，年龄真的是个好东西，27岁终于弄懂了26岁不懂的道理。

27岁，我来了！

附

这26年，我到底活出了什么？

1.学着放弃

放弃那个不爱你的人、那份不喜欢的工作、那个不切实际的梦想……有舍才会有得，学会了放弃才能真正拥有。

2.爱情可以期待，但别奢望

期待白马王子也好，期待黑面骑士也罢，都可以，但一定不要对爱情有什么奢望。爱情解救不了孤寂的灵魂，也拯救不了肥胖的肉身。不是没他/她不行，而是有他/她更好，一个人的时候也要好好生活。

3.单身意味着要为自己的一切买单，也包括你的情绪

坐车的时候，听两个姑娘聊她们的大龄未婚女上司，她们戏称那个女上司为“老妖婆”，窃笑中夹杂着抱怨。那一刻恍然领悟出一个

道理来：也许“大龄”不可怕，“未婚”也不可怕，只有组合到一起才可怕，为什么呢？因为暴躁，因为做不好情绪管理。所以，当你愿意做一个为自己的一切买单的单身者的时候，也请做好为自己情绪买单的准备。

即使没有被这个世界温柔以待，也要学着淡定从容。

4.试着交不同层次的朋友

朋友只要满足“三观一致”这一条即可，不分年龄长幼，不分贫富贵贱，也不分职业尊卑。

试着和那些年长的人交朋友，他们可能创新不如你，学习能力也开始下降，但因年龄堆积起的经验与睿智绝对比你强，工作的问题上你要多与这一类人交流，得到的建议最为合理可靠；

试着和同龄的人交朋友，不需要杂而多，有那么几个交心的就好，情感的问题上你要多与这一类人交流，因为此刻的你要的也许不是答案，只是陪伴；

试着和比你小的人交朋友，你会发现一个崭新世界的大门，你会重拾一些对生活的热爱，对未来的期待。

5.做好工作的十二字箴言——胆要大，心要细，嘴要甜，皮要厚

“胆要大”指的是你有敢于战胜困难的信心，敢于接受艰巨任务的勇气；

“心要细”指的是做事情一定要脚踏实地，如果梦想是建造一辆汽车，那前提一定是拧好每一颗螺丝帽。

“嘴要甜”并不是要你巧舌如簧，只是需要掌握一些语言的艺术。

“皮要厚”指的是偶尔你要放下自己的面子，别因受委屈而逃避，也别因为受谩骂而哭泣，工作只是工作而已。

6.少抱怨，多努力

如果不是一份足够心仪的工作，或者工作遇到了不顺心的事情，抱怨总是在所难免的。抱怨只会让你一时解气，但却并不能帮你解决问题，所以解决抱怨的唯一办法只有不断地努力然后超越自己。

人生都是由一座又一座的高山组成，即使跌落谷底也不要泄气，因为未来的每一步都是上坡路；同样的道理，成功时也不要太过欣喜。

7.不喜欢，并不能成为“做不好这件事”的理由

以前我也常常把做不好某件事情的原因归结到“不喜欢”三个字上面。后来才发现，当把一件不喜欢的事情也能做好的时候，收获的反倒更多，成就感也更大。

不喜欢，并不能成为“做不好这件事”的理由，而只是你退缩畏惧的借口而已。

8.多学一点东西，即使没什么用处，也不会有坏处

越来越发觉，那些让你与众不同的所谓“才能”，都并非带着目的开始。兴趣也好，爱好也罢，所有花费时间用心学到的东西，即使做的时候找不到意义，时间也会帮你做出最好的答疑。

9.趁年轻，养好皮囊，保有信仰，美化心灵

并不是每个人年老的时候都可以美成张曼玉，所以趁年轻，养好皮囊。管不住嘴就一定要迈得开腿；颜值不够，至少可以身材来凑。

你要知道，没有好看的皮囊，太难有人愿意花时间去了解另一个陌生人的内在了。

但长得帅、长得美，太过无知无趣，也会让人觉得索然无味。帅也可以变成油腻，美也会变成花瓶摆设，所以徒有其表也不长久，还应该修炼一下内在。

10.梦想成功，为之不断努力，但不要操之过急

你要知道，并不是每个人都可以爬到金字塔的顶部的，所以梦想的成功，不光在于站在顶端时那一览众山小的辉煌时刻，也在于这脚下每迈出一步时的坚定。

在追梦的路上，你要学会适应别人赶超你、落下你，别心急，也别泄气。

对于一个奔向成功路上的初学者而言，重要的不是目的地，而是能否披荆斩棘，无数次跌倒也敢勇敢地爬起来坚定地走下去。

11.适当的软弱柔和，有时候真比你逞强能干重要

是，我知道你没人帮忙也可以，渐渐地便真的没人帮你了，你委屈极了。可你不知道的是，你的逞强能干让很多人误解你真的可以，所以才没有出手帮你。

所以问题的关键，并不是别人“可不可以”，而是你应该学着适当的“不可以”。

不管男孩子还是女孩子，适当地柔和，才比较可爱。

12.情感上需要试错，工作上最好总结前人经验避免犯错

感情的问题，最没道理。看再多言情剧也学不明白爱情真谛，所以有时候倒不如尝试着交往试试。

但工作不是，这里没有你七大姑八大姨，大家聚在一起的目的很统一，赚钱并且为公司创造价值，所以，错误虽不是不可原谅，但会对你的价值有影响。与其在试错中学着成长，更应该多吸取一些长辈经验避免犯一些低级错误。

13.关系再好，言语上也要学会“适可而止”

你了解的事情越多，这个世界便越真实赤裸。

花非花，雾非雾，有些事情其实知道就好。成长教会你的率直不是知无不言，而是为他人着想后的肺腑之言。

14.再痛苦，也不要歇斯底里地呐喊

前几年，朋友圈还常见很多歇斯底里呐喊疼痛的言论，慢慢地它们不见了踪影，也许是交往的人群发生了变化，也许是朋友们也在逐渐长大。

很久后你才发现，当年病了、疼了、失落了时发表的公开言论，其实无非就是想要撒个娇，得到一个别人安慰的拥抱。

上了年龄，如果还用那种方式撒娇的话，在满屏都是晒恩爱、晒孩子的包围下，其实倍显单薄。

所以再痛，也学会了自己扛着。

15.接纳不完美的自己

我试着翻看了几篇过去几年的生日总结，有感恩的、有知性的、有定下了宏伟目标的，每一篇总结里面所提及的女孩似乎是我，又似乎不是我。

生命如果可以倒退回过去的某一刻，也许只是多吃了一根面条，或许此刻的我，我们也会变成另一番模样。

试着与自己和解，接纳不完美的自己，因为那一个她，已经在上一秒死去。

这一刻的你，还将有无限的可能性……

以上，共勉！

最后，愿我们都能活成自己喜欢的模样。

尽管这世间风雨难定，
愿你的内心波澜不惊。

图书在版编目（CIP）数据

你不必活成别人喜欢的模样 / 独慕溪著．—北京：台海出版社，2018.6

ISBN 978-7-5168-1903-6

Ⅰ．①你… Ⅱ．①独… Ⅲ．①人生哲学–通俗读物 Ⅳ．①B821-49

中国版本图书馆 CIP 数据核字（2018）第 099826 号

你不必活成别人喜欢的模样

著　　者：独慕溪

责任编辑：戴　晨　　　装帧设计：主语设计

版式设计：刘　爽　　　责任印制：蔡　旭

出版发行：台海出版社

地　址：北京市东城区景山东街20号　　邮政编码：100009

电　话：010-64041652（发行，邮购）

传　真：010-84045799（总编室）

网　址：www.taimeng.org.cn/thcbs/default.htm

E-mail：thcbs@126.com

经　销：全国各地新华书店

印　刷：天津中印联印务有限公司

本书如有破损、缺页、装订错误，请与本社联系调换

开　本：880 mm × 1230 mm　　1/32

字　数：200 千字　　印　张：8.5

版　次：2018 年 6 月 第 1 版　　印　次：2018 年 6 月 第 1 次印刷

书　号：ISBN 978-7-5168-1903-6

定　价：45.00 元